こよみ用語辞典

こよみの神宮館

はじめに

「この言葉の意味は何ですか？」
このご質問を、たくさんのお客様からいただいたことが、
「こよみ用語辞典」製作のきっかけとなりました。

神宮館の暦は、1908年創業からの伝統を受け継ぎ、
当時のものをなるべくそのまま残してきました。
しかし、時代の流れとともに
あまり使われなくなった言葉や、難しい用語が多いため、
特に若い世代の方々には
「読みにくい」内容となってしまっています。

暦は日本の伝統と文化の結晶です。
この「こよみ用語辞典」にて、
たくさんの方々に暦の内容をご理解いただき、
より活用していただければ幸いです。

神宮館編集部

◎あ行◎

愛鳥週間　あいちょうしゅうかん

毎年5月10日から16日までの1週間で、日本において野鳥保護思想普及のために鳥類保護連絡協議会が設けました。

葵祭　あおいまつり

毎年5月15日に、京都府京都市で行われる祭りです。約500人の平安貴族そのままの姿で列を作る古典行列が、京都御所を出発し下鴨神社を経て上賀茂神社を巡ります。

県神社祭　あがたじんじゃまつり

毎年6月5日に、京都府宇治市にある県神社で行われる祭りです。当日約700もの露店が出店し、10万人以上の見物客で終日賑わいます。深夜に沿道の灯火を全て消して暗闇の中を梵天渡御が行われることから、「暗夜の奇祭」などと呼ばれています。

阿寒まりも祭　あかんまりもまつり

毎年10月8日から10日まで、北海道釧路市にある阿寒湖で行われる祭りです。9日にはアイヌ伝統の儀式のほか、タイマツ行進、まりも踊りなどのイベントが行われます。

秋田竿燈　あきたかんとう

毎年8月3日から6日まで、秋田県秋田市で行われる祭りです。竹を組んで提灯を吊るしたもので、最も大きな「大若」は高さ約12メートル、重さ約50キログラムにもなるといいます。この大きな竿燈を、差し手が手や額、腰などで支えてバランスを取り、妙技を競い合います。

秋田花輪ばやし　あきたはなわばやし

毎年8月19日と20日に、秋田県鹿角市内で行われる祭りです。金箔や総漆塗りなどが施されている豪華な屋台と、囃子の演奏者が歩行し町内を巡ります。

秋の全国火災予防運動　あきのぜんこくかさいよぼううんどう

毎年11月9日から15日まで行われる日本の啓発活動で、火災予防思想の普及を図り、火災の発生を防止することを目的としています。実施期間は何度か変更されましたが、1

989年(平成元年)から は、「119番の日を起点とする1週間」とされています。

秋の全国交通安全運動
あきのぜんこくこうつうあんぜんうんどう

毎年9月21日から9月30日まで実施され、広く国民に交通安全思想の普及・浸透を図り、交通ルールの遵守と正しい交通マナーの実践を習慣付けるとともに、国民自身による道路交通環境の改善に向けた取組を推進することにより、交通事故防止の徹底を図ることを目的としています。

浅草観音菊供養
あさくさかんのんきくくよう

毎年10月18日に、東京都台東区にある浅草寺で行われる法会です。参拝客は菊の花を供え、すでに供えてあったものを持ち帰り、諸病、災難除けとします。

浅草観音ほおずき市
あさくさかんのんほおずきいち

毎年7月9日と10日に、東京都台東区にある浅草寺のほおずきの露店が出され、多くの参拝者で賑わいます。

浅草観音四万六千日
あさくさかんのんしまんろくせんにち

毎年7月10日に、東京都台東区にある浅草寺に参拝すると4万6千日分のご利益に相当するといわれています。

浅草観音歳の市
あさくさかんのんとしのいち

毎年12月17日から19日まで、東京都台東区にある浅草寺で行われる行事です。「羽子板市」として境内に数十軒の羽子板の露店が軒を連ねます。

芦ノ湖湖水祭 あしのここすいまつり

毎年7月31日に、神奈川県足柄下郡にある箱根神社で行われる祭りです。芦ノ湖の主、九頭龍明神の御神徳を敬仰して、三升三合三勺の赤飯を献供します。

小豆がゆ あずきがゆ

小正月(1月15日)や冬至(12月22日頃)の日に食べるもので、望粥(もちがゆ)とも呼ばれています。邪気を祓うといわれる赤い小豆を使ったお粥で、無病息災を祈願して食べます。

愛宕千日詣り《あたごせんにちまいり》

毎年7月31日夜から8月1日早朝にかけて、京都府京都市にある愛宕神社に参拝すると、千日分の火伏・防火のご利益があるといわれています。毎年数万人の参拝者で境内参道は埋め尽くされます。

熱田神宮祭《あつたじんぐうさい》

毎年6月5日に、愛知県名古屋市にある熱田神宮で行われる祭りです。勅使による御幣物の奉納が行われ、境内では弓道や剣道、神楽など、武道や芸能が終日開催されます。夕刻より「献灯まきわら」が奉納され、神宮公園（旗屋町）から約千発の花火が上がります。

あやぶ

中段十二直の一つで、万事に危惧を含む意味があり、何事も控え目に慎んだ方が良い日です。酒造りには差し支えありませんが、旅行、登山、船出はやめるべき日とされています。

嵐山紅葉祭《あらしやまもみじまつり》

毎年11月の第二日曜日に、京都府京都市にある嵐山で行われる祭りです。箏曲小督船《そうきょくこごうせん》、今様歌舞船、能舞台船など多くの船が大堰川《おおいがわ》に次々と浮かび、河原では数々のイベントが催されます。

有田陶器市《ありたとうきいち》

毎年4月29日から5月5日まで、佐賀県西松浦郡で行われる陶磁器を販売するイベントです。有田焼など「陶器の町」として知られる有田ならではのイベントで、毎年数十万もの人が訪れます。

アレルギー週間《あれるぎーしゅうかん》

アレルギー疾患に対しての的確な情報を国民に提供するための活動を推進する週間で、毎年2月17日から23日までと日本アレルギー協会により定められています。これは、アレルギーの日である2月20日を中心とする1週間です。

暗剣殺《あんけんさつ》

その年、その月の五黄殺の正反対側にあたる方位です。この方位に対して普請、移転、婚礼などを行うと、まるで暗闇から切りつけられたような急な災いを被りますので厳しく避けるべきとされています。

胃《い》

二十八宿の一つで、公事に関与することはよく、私事にこだわることは悪いとされます。

率川百合祭《いさがわゆりまつり》

毎年6月17日に、奈良県奈良市にある率川神社で行われる祭りです。三枝祭《さいくさのまつり》ともいい、文武天皇の頃から伝わる日本最古の祭りの一つです。百合の花を添えた酒を神前に供えたのち、百合の花をかざした4人の巫女が神楽舞を奉納します。

出雲大社神迎祭《いずもたいしゃかみむかえさい》

毎年旧暦の10月10日に、島根県出雲市にある出雲大社で行われる祭りです。10月（神無月）は、全国の八百万《やおよろず》の神々が出雲に集まる月といわれているので、そのお迎えをする神事が行われます。

出雲大社福神祭《いずもたいしゃふくじんさい》

毎年旧暦の大晦日から元旦にかけて、島根県出雲市にある出雲大社で行われる祭りです。大勢の人が夜通しで神楽殿にお籠もりし、「だいこくさま」から、新年のお福や良いご縁を頂きます。

出雲大社例祭《いずもたいしゃれいさい》

毎年5月14日に、島根県出雲市にある出雲大社で行われる例祭です。國造以下神職たちは、1年に1度、この例祭にしか着ない正服《せいふく》に身を包み、厳粛な祭事を執り行います。

伊勢神宮神嘗祭《いせじんぐうかんなめさい》

毎年10月15日から25日に、三重県伊勢市にある伊勢神宮で行われる祭りです。その年の新穀を天照大御神に献上し、ご神徳に報謝する儀式で、伊勢神宮において最も由緒深い祭りです

伊勢神宮祈年祭《いせじんぐうきねんさい》

毎年2月17日に、三重県伊勢市にある伊勢神宮で行われる

祭りです。祈年祭は「としごいのまつり」とも呼ばれ、春の耕作始めの時期にあたり、五穀の豊穣を祈願する祭りです。祭典は、まず大御神にお食事をお供えする大御饌《おおみけ》の儀が行われ、続いて天皇陛下のお使いである勅使《ちょくし》により幣帛《へいはく》が奉られる奉幣《ほうへい》の儀が行われます。

伊勢神宮月次祭《いせじんぐうつきなみさい》

毎年6月15日から17日、12月15日から17日まで、三重県伊勢市にある伊勢神宮で行われる祭りです。10月の神嘗祭とともに「三節祭《さんせつさい》」と呼ばれ、伊勢神宮の数多い祭典の中でも特に由緒ある祭りの一つで、皇室のご繁栄と国家の安泰、五穀の豊穣、国民の平安を祈願します。

一粒万倍日《いちりゅうまんばいび》

一粒のモミもまけば万倍のモミを持った稲穂になるという意味で、何事も良い事の初めに用いられます。ただし、金銭を借りたりするのに用いると、後で苦労の種も大きくなってしまうといわれています。良きも悪しきも後に大きくなって自分に返ってくるという意味があります。

厳島神社管絃祭《いつくしまじんじゃかんげんさい》

毎年旧暦の6月17日に、広島県廿日市市にある厳島神社で行われる祭りです。管絃船が宮島と対岸を巡り、祭典と管絃が奉奏されます。

伊奈波祭《いなばまつり》

毎年4月の第一土曜日に、岐阜県岐阜市で行われる祭りです。岐阜まつりともいい、御神幸や山車奉曳《ほうえい》、からくり奉納、神輿練込、打上花火など桜花舞う中、賑々しく行われます。

亥の子餅《いのこもち》

古来、亥の子餅には、亥の月(10月)の、亥の日の、亥の刻(午後9時~11時)に無病息災と子孫繁栄を祈って餅を食べる風習がありましたが、やがて田の神を祀る行事のお供え物として一般に広がるようになりました。西日本の方が盛んな行事で、菓子店で亥の子餅を販売しているところもあります。

入谷朝顔市 いりやあさがおいち

毎年7月6日から8日まで、東京都台東区にある真源寺付近で行われる日本最大の朝顔市です。120軒の朝顔業者と100の露店（縁日）が並び、毎年約40万もの人で賑わいます。

陰干 いんかん

十干は陽と陰に分かれ、乙《きのと》、丁《ひのと》、己《つちのと》、辛《かのと》、癸《みづのと》があたります。

陰支 いんし

十二支は陽と陰に分かれ、丑《うし》、卯《う》、巳《み》、未《ひつじ》、酉《とり》、亥《ゐ》があたります。

陰遁 いんとん

日の九星において夏至から冬至に至る半期をいいます。日の九星は、夏至の前後で一番近い甲子の日から始まると決められています。陰遁では九紫→八白→七赤→六白→五黄→四緑→三碧→二黒→一白の順に配します。

陰陽五行説 いんようごぎょうせつ

古代中国では、万物すべて「陰」と「陽」の2つの要素に分けられるとする「陰陽《いんよう》説《せつ》」と、すべて「木」「火」「土」「金」「水」の5つの要素からなるとする「五行説《ごぎょうせつ》」という思想があり、これらを組み合わせたものをいいます。

陰陽説 いんようせつ

万物すべて、陰と陽の二つの要素に分けられるとする思想です。

陰暦 いんれき

太陰暦、太陰太陽暦ともいいます。太陰太陽暦は日本でいう旧暦にあたり、月の満ち欠けを基にした暦です。

上野動物園開園記念日 うえのどうぶつえんかいえんきねんび

1882年（明治15年）3月20日、日本初の近代動物園として、上野動物園が上野恩賜公園内に開園しました。

有卦 うけ

陰陽道で、干支による運勢が吉運の年回りをいいます。有卦の吉年は7年続くといわれています。

雨水《うすい》

二十四節気の一つで、新暦の2月18日頃になります。草木の先にほんのりと薄緑に色づいた新芽が見られ始め、やわらかな春の日差しを受けて新しい生命が生まれる頃です。昔から雨水は農作業に取りかかる時期の目安とされてきました。

卯月《うづき》

4月の異称で、旧暦では「卯の花（ウツギ）」が咲く頃で「卯の花月」を略したといわれます。卯月の「う」は「初《うい》」「産《うぶ》」を意味するもので、農耕の1年の初めの月を意味したともいわれます。夏の季語であるホトトギスは「卯月鳥」とも呼ばれます。

産飯《うぶめし》

赤ちゃんが生まれた直後に炊いたご飯をいいます。ご飯は茶碗に高く山盛りに盛って、出産した部屋の高い場所に置き、産土神《うぶすながみ》へ供えます。また、赤ちゃんの枕元に置き、お母さんや親戚、近隣の女性に食べてもらいます。赤ちゃんが無事に育つように、ご飯に困らないようにと願います。

産湯《うぶゆ》

赤ちゃんが誕生すると、すぐお湯につかり穢れを洗い落とすことをいいます。このときに使うお湯は、産土神のお守りする土地の水を使います。

海の日《うみのひ》

7月第三月曜日。海の恩恵に感謝するとともに、海洋国日本の繁栄を願う国民の祝日です。

裏鬼門《うらきもん》

鬼門の正反対側にあたる方位で、西南の方位です。鬼門と同じように凶方位として忌み嫌われています。

盂蘭盆《うらぼん》

一般には盆といわれており、7月13日から16日をこの日にあて、墓参り、迎え火、送り火、灯篭流し、棚経《たなぎょう》などの行事が郷土色豊かに行われます。なお地方によっては、盆を8月13日から16日に行っているところや、旧暦で行っているところもあります。

閏月　うるうづき

閏にあたる月のことをいいます。太陰太陽暦で季節とのずれを調整するために12か月の他に加えられる月です。

閏年　うるうどし

閏のある年のことをいいます。太陽暦では2月を29日とし1年を366日とする年です。

映画の日　えいがのひ

1896年（明治29年）11月25日に、神戸で日本初の映画が一般公開されたことから、1956年（昭和31年）に日本映画連合会（現在の日本映画製作者連盟）が制定しました。覚えやすいようにと12月1日に設定され、入場料の割引などが行われます。

エープリルフール

4月1日のことで、罪のない嘘をついたり、人を担いだり、驚かせても許される日です。

干支　えと

干支とは、十干《じっかん》（甲《きのえ》・乙《きのと》・丙《ひのえ》・丁《ひのと》・戊《つちのえ》・己《つちのと》・庚《かのえ》・辛《かのと》・壬《みづのえ》・癸《みづのと》）と十二支《じゅうにし》（子《ね》・丑《うし》・寅《とら》・卯《う》・辰《たつ》・巳《み》・午《うま》・未《ひつじ》・申《さる》・酉《とり》・戌《いぬ》・亥《ゐ》）の組み合わせによってつくられた名称です。組み合わせが60種あるので六十干支《ろくじっかんし》といい、総称を干支といいます。この干支は60日周期で甲子《きのえね》から癸亥《みづのとゐ》まで規則正しく配置されています。

NHK放送記念日

えぬえいちけーほうそうきねんび

1925年（大正14年）3月22日、東京・芝浦に設けられた東京放送局仮スタジオから日本初のラジオ仮放送が行われたことを記念して、NHKが1943年（昭和18年）に定めた記念日です。

えびす講　えびすこう

主に毎年10月20日や11月20日に、えびす様を祀っている神社で行われる祭りです。10月は神無月で、全国の神々が出雲に集うといわれていますが、えびす様は留守神として出雲に出向かず民を守るとされています。

縁日　えんにち

神や仏が現世と縁を持たれる日のことであり、また、人間が特定の神仏と縁を結ぶことができる日のことをいいます。この日に神仏を拝み、祈願することによって特別なご加護と功徳《くどく》を授けられるといわれています。縁日の日は、日にちが決められているものと、干支により決められるものがあります。

えんま詣り
えんままいり

毎月16日は閻魔《えんま》様の縁日で、特に1月と7月の16日を「閻魔の賽日《さいじつ》」といいます。この日は地獄の獄卒も仕事を休み、地獄の釜のふたもゆるむ日とされ、亡者達も責苦を免れ骨休みになるとされました。

奥州日高火防祭
おうしゅうひたかひぶせまつり

毎年4月29日に、岩手県奥州市で行われる祭りです。装飾された9町組のはやし屋台が音曲を奏でながら水沢の中心市街を巡ります。

黄幡神
おうばんじん

日月の光を食すると称されている羅睺星《らごうせい》の精で、土を司る凶神です。したがって黄幡神の在泊する方位に向かっての動土、門づくりは凶ですが、武芸始めには吉とされています。

近江八幡左義長祭
おうみはちまんさぎちょうまつり

毎年3月14日と15日に近い土曜日と日曜日に、滋賀県近江八幡市の日牟禮《ひむれ》八幡宮《はちまんぐう》で行われる祭りです。高さ3メートルにもなる左義長を神輿のように担ぎ、町内を巡り歩きます。日曜日の午前中には組合せ（左義長のけんか）が行われ、その夜奉火されます。

大阪天満天神祭
おおさかてんまてんじんさい

毎年7月24日と25日に、大阪府大阪市にある大阪天満宮で行われる祭りです。25日の本宮では、約3千人の行列からなる「陸渡御」、約100隻の船が水上を渡御する「船渡御」、御祭神のお出ましを祝う奉納花火約4千発が打ち上げられます。

大潮
おおしお

潮の干満の差が大きい状態のことです。干満の差が最も大きくなるのが、新月と満月、いわゆる朔と望の頃で、旧暦の1日と15日頃です。

大犯土・小犯土　おおつち・こつち

「大つち」「小つち」と表記され、庚午《かのえうま》の日から丙子《ひのえね》の日までの7日間を大犯土、戊寅《つちのえとら》の日から甲申《きのえさる》の日までの7日間を小犯土といいます。この期間中は穴掘りや伐採など土を犯すことは忌むべきとされています。とくに屋敷内の動土は凶で、これを犯すと災害を被るとされています。ただし大犯土と小犯土の変わり目の丁丑《ひのとうし》の日は間日《まび》とされ、障りのない日となっています。

大祓　おおはらい

6月30日と12月31日に、国家や万民の罪やけがれを祓うために行われる神事をいいます。一般では、12月31日の大祓が通俗的になっていて、年越祓、師走の大祓などといわれています。

男鹿なまはげ　おがなまはげ

毎年大晦日の晩、秋田県男鹿市で行われる行事です。それぞれの集落の青年がなまはげに扮し、「泣く子はいねがー」などと大声で叫びながら地域の家々を巡ります。

沖縄慰霊の日　おきなわいれいのひ

1945年（昭和20年）6月23日、第32軍司令官牛島満大将（当時は中将）をはじめとする司令部が自決した日をもって太平洋戦争において沖縄戦の組織的戦闘が終結したとされています。1961年（昭和36年）、アメリカ施政下の沖縄で、日本の国民の祝日に相当する「住民の祝祭日」の一つとして定められました。1972年（昭和47年）の沖縄復帰後は休日としての法的根拠がなくなりましたが、1991年（平成3年）に沖縄県の条例で休日と定められました。

沖縄本土復帰記念日　おきなわほんどふっきねんび

1972年（昭和47年）5月15日、戦後27年間アメリカの統治下にあった沖縄が返還され、日本に復帰したことを記念した日です。

お食い初め　おくいぞめ

赤ちゃんに歯が生え始める頃に、赤ちゃんが一生食べ物に困らないようにと祈願することをいいます。鯛の尾頭付き焼き魚や赤飯、すまし汁など一汁三菜の「祝い膳」を用意します。また、しわが多くなるほど長生きできるようにと願いを込めた梅干や、丈夫な歯が生えるようにと「歯固めの小石」を加える習慣もあります。

送り火　おくりび

盆の行事の一つで、実家で三夜過ごした祖先の御霊を極楽浄土へと送り出すために、8月16日（地域によっては7月）の夕方に「おがら」と呼ばれる麻の茎を家の門前で燃やします。送り火には様々なものがあり、大規模なものとしては京都東山の五山送り火や長崎の精霊流しなどが有名です。

納めの観音　おさめのかんのん

その年の観音様の最後の縁日で、12月18日となります。

納めの金毘羅　おさめのこんぴら

その年の金毘羅様の最後の縁日で、12月10日となります。

納めの地蔵　おさめのじぞう

その年の地蔵菩薩の最後の縁日で、12月24日となります。

納めの水天宮　おさめのすいてんぐう

その年の水天宮の最後の縁日で、12月5日となります。

納めの大師　おさめのだいし

弘法大師の忌日は835年（承和2年）3月21日でした。この入定日のうち、その年最後の21日となります。

納めの不動　おさめのふどう

その年の不動尊の最後の縁日で、12月28日となります。

納めの薬師　おさめのやくし

その年の薬師如来の最後の縁日で、12月8日となります。

おさん　おさん

中段十二直の一つで、別名天《てん》倉《そう》ともいい収納の意味がある日です。万事を納め入れるのに良い日ですので、五穀の収納、商品の購入、仕入れ、仕込み、移転などには吉です。ただし、婚礼、見合いには凶となります。

お七夜《おしちや》

赤ちゃんが誕生してから７日目に、名前をつけ、お祝いすることをいいます。赤ちゃんの健やかな成長を願い、親族や近所の人にお披露目する儀式です。

帯祝い《おびいわい》

妊娠５か月頃に、神社やお寺でお祓いを受けた腹帯を巻くことをいいます。帯祝いは「戌《いぬ》」の日に行くと良いとされています。犬（戌）はお産が軽く子だくさんのため、古くより安産祈願の吉日とされています。

お宮参り《おみやまいり》

住んでいる土地の産土神《うぶすながみ》（鎮守様）や菩提寺へ赤ちゃんが無事に誕生したことを感謝し報告することをいいます。地域によって異なりますが、男の子は30日目、女の子は31日目にお参りをするのが一般的です。

オリンピックデー

１８９４年（明治27年）６月23日、国際オリンピック委員会（ＩＯＣ）がパリで創立されたことを記念したものです。フランスのクーベルタン男爵の提唱によりオリンピック復興に関する国際会議がパリで開催され、１８９６年（明治29年）にギリシャのアテネで第1回オリンピック大会を開催することを決議し、国際オリンピック委員会を組織しました。

◎か行◎

海外移住の日《かいがいいじゅうのひ》

１９０８年（明治41年）６月18日、日本人移住者781名を乗せた移民船「笠戸丸」がブラジルのサントス港に初めて入港したことに因んで、１９６６年（昭和41年）に総理府（現在の内閣府）によって「海外移住の日」として定められました。日本から海外各地へ移住した人々の歴史や、国際社会への貢献などを振り返り、日本と移住先国との友好関係を促進するための記念日となっています。

改革運 かいかくうん

その年の九星気学に基づいた運勢の名称で、無駄と無理に注意するべきときです。運勢は、調整運↓強盛運↓嬉楽運↓改革運↓評価運↓停滞運↓整備運↓躍動運↓福徳運の順に巡ります。

会吉制化 かいきちせいか

方位盤において吉神と凶神が同じ方位に巡る場合、吉神が凶神の力を抑え、緩和することです。ただし、歳破、暗剣殺、五黄殺、本命殺は抑えられません。

回座 かいざ

本命星や吉神、凶神などがその方位に巡ることをいいます。

科学技術週間 かがくぎじゅつしゅうかん

毎年4月18日の「発明の日」を含む月曜日から日曜日までの1週間をいいます。科学技術について広く一般の方々に理解と関心を深め、日本の科学技術の振興を図ることを目的として1960年（昭和35年）に制定されました。全国の各機関では、主にこの期間に各種科学技術に関するイベントなどを実施することとなっています。

加賀百万石まつり かがひゃくまんごくまつり

毎年6月の第一土曜日を中心とする3日間、石川県金沢市で行われる祭りです。メインの百万石行列では勇壮な前田利家入城行列を中心に、甲冑をまとった一行が町を巡るほか、様々なパレードが楽しめます。

鏡開き かがみびらき

1月11日に、年神様にお供えしていた鏡餅を割って雑煮やお汁粉にして食べ、一家の円満と繁栄を願う行事です。鏡開きでは「切る」「割る」という忌み言葉を避けて、「開く」といいます。実際鏡開きは刃物を使わずに手で割ったり木槌で叩いたりします。

書き初め かきぞめ

年が明けて初めて書や絵を書くことで、1月2日に書くのが昔からの習わしです。書き初めで書いたものは左義長やどんど焼きで燃やす風習があり、その炎が高く上がると字が上達するといわれています。

角　かく

二十八宿の一つで、衣類の着初め、柱立て、普請造作、婚礼に吉です。ただし葬式は凶となります。

下弦の月　かげんのつき

月の左側だけが見える半月のことをいいます。

橿原神宮例祭　かしはらじんぐうれいさい

毎年2月11日（建国記念の日）に、奈良県橿原市にある橿原神宮で行われる祭りです。御祭神の神武天皇が橿原宮で即位された古をしのび、建国創業の御神徳を景仰する国民的祭典として、全国津々浦々から寄せられる奉賛と、数千名に及ぶ参列者によって盛大に執り行われています。

鹿島神宮祭頭祭　かしまじんぐうさいとうさい

毎年3月9日に、茨城県鹿嶋市にある鹿島神宮で行われる祭りです。色鮮やかな衣装を身に付けた囃人《はやしびと》が6尺（1.8メートル）の樫棒を組んでは解き、囃《はや》しながら街中を巡ります。

柏崎えんま市　かしわざきえんまいち

毎年6月14日から16日まで、新潟県柏崎市で行われる祭りです。期間中東本町にある閻《えん》魔《ま》堂を中心に、約2キロメートルにわたり約600もの露店が並び、賑わいをみせます。

春日大社祭　かすがたいしゃさい

毎年3月13日に、奈良県奈良市にある春日大社で行われる例大祭で、春日祭ともいいます。葵祭、石清水祭とともに三大勅祭の一つです。

春日大社万灯籠　かすがたいしゃまんとうろう

毎年節分の日と8月14日と15日に、奈良県奈良市にある春日大社の3千基もの灯籠に火が灯されます。

春日大社若宮おん祭　かすがたいしゃわかみやおんまつり

毎年12月15日から18日まで、奈良県奈良市にある春日大社の摂社である若宮神社の祭りで、17日に中心的な神事が執り行われます。

数え年 かぞえどし

生まれた時点で1才とし、以降元日（1月1日）を迎える毎に1歳ずつ年齢を加える日本に昔から伝わる年齢の数え方です。

学校始業 がっこうしぎょう

年が明けてから初めて学校が始業する日で、全国の小・中学校では三学期始業式が行われます。地域や学校によって違う場合もあります。

勝山左義長祭 かつやまさぎちょうまつり

毎年2月の最終土曜日と日曜日に、福井県勝山市で行われる祭りです。赤い長襦袢《ながじばん》で女装した太鼓の打ち手が三味線、笛、鉦による軽快なリズムでお囃子に合わせて太鼓をたたく様や、カラフルな色彩の短冊による町中の装飾がみられます。

神奈川国府祭 かながわこくふさい

毎年5月5日に、神奈川県中郡にある神揃山、馬場公園に相模の6社が集う祭りです。神揃山では、相模国の成立にあたり論争の模様を儀式化した神事である座問答が行われ、馬場公園では国司祭や3種類の舞が奉納されます。

庚 かのえ

十干の一つで、五行では金、陰陽では陽の性質を持ちます。

庚申 かのえさる

この日を一般には庚申待《こうしんま》ちといって庚申様を祀ったり、庚《こう》申会《しんえ》や庚申講《こうしんこう》などが催されます。仏教では帝釈天及び青面金剛を、神道では猿田彦を祀ります。

辛 かのと

十干の一つで、五行では金、陰陽では陰の性質を持ちます。

釜石曳舟祭 かまいしひきふねまつり

毎年10月の第三日曜日を含む金曜日から日曜日まで、岩手県釜石市で行われる祭りです。中日には、虎舞や神楽を乗せた十数隻の船が大漁旗をなびかせて釜石港内をパレードします。

神無月《かみなづき》

10月の異称で、全国の神々が出雲大社に集まり、諸国に神様がいなくなるため「神の無い月」になったという説があります。反対に、神々が集まる出雲国（島根県）では「神《かみ》在月《ありづき》」と呼ばれています。雷が鳴らない月「雷無月《かみなしづき》」からとの説もあります。

神よし《かみよし》

下段の一つで、神事祭礼、宮参りによく、不浄のことは忌む日とされます。

亀戸天神うそ替え《かめいどてんじんうそかえ》

毎年1月25日に、東京都江東区にある亀戸天神社で行われる祭りです。「うそ」は「幸運を招く鳥」とされており、前年のうその木像を神社へ返納し、新しいものと、とり（鳥）替える参拝客で賑わいます。

亀戸天神祭《かめいどてんじんさい》

毎年8月25日に、東京都江東区にある亀戸天神社で行われる例祭です。4年に一度の大祭では25基の神輿や御鳳輦《ごほうれん》が町内を巡ります。

唐津くんち《からつくんち》

毎年11月2日から4日まで、佐賀県唐津市で行われる祭りで、唐津神社の秋季例大祭です。「漆の一閑張り」という技法で作られた14台の曳山が町内を巡ります。

坎宮《かんきゅう》

方位盤において北方45度の一角のことで、壬・子・癸に三等分してあります。

還幸祭《かんこうさい》

神幸を終えて、神社に戻った神霊を御輿《みこし》から社殿へ移す行事を中心とする祭りをいいます。

看護の日《かんごのひ》

多くの人に看護についての理解を深めてもらうことを目的に、1990年（平成2年）に制定されました。ナイチンゲールの誕生日であり、「国際看護師の日」となっている5月12日がその記念日となっています。看護についてのフォーラムや看護体験の実施などのイベントを行い、その普及に努めています。

干支《かんし》
→干支《えと》（P.10）

元日《がんじつ》
1月1日。「年のはじめを祝う」国民の祝日です。

干潮《かんちょう》
海水面が最も低くなる時をいいます。

官庁御用納め《かんちょうごようおさめ》
官庁でその年の執務最終日を指します。1873年（明治6年）から、官公庁は12月29日から1月3日までを休暇とすることが法律で定められており、28日が仕事納めとなります。通常は12月28日ですが、土曜日・日曜日の場合は直前の金曜日となります。

官庁御用始め《かんちょうごようはじめ》
官庁で年末年始の休みが明けて、その年の最初の執務日を指します。1873年（明治6年）から、官公庁は12月29日から1月3日までを休暇とすることが法律で定められており、4日が仕事始めとなります。通常は1月4日ですが、土曜日・日曜日の場合は直後の月曜日となります。

関東大震災記念日《かんとうだいしんさいきねんび》
1923年（大正12年）9月1日午前11時58分、関東地方をマグニチュード7.9の大地震が襲い、死者・行方不明者は10万5千人という大災害になりました。この日を忘れることなく災害に備えようと、1960年（昭和35年）から防災の日が制定されました。

灌仏会《かんぶつえ》
毎年4月8日に、寺院にて仏教の始祖であるお釈迦様の生誕をお祝いします。参拝者は、誕生仏の頭上から柄杓で甘茶や五色の香水を注いで、無病息災を祈ります。参拝者には甘茶が振る舞われます。また甘茶で習字をすると字が上達するといわれたり、甘茶で害虫除けのまじないを作ったりすることもあるようです。

還暦《かんれき》

数え年61歳（満60歳）の長寿の祝いで、その人が生まれた年の干支がまた巡って来て、長寿であることを感謝し祝う行事です。元の干支に戻るので「本卦還《ほんけがえ》り」ともいわれます。

寒露《かんろ》

二十四節気の一つで、新暦の10月8日頃になります。五穀の収穫もたけなわで、山野には晩秋の色彩が濃く朝晩は寒気を感じるようになります。寒露とは、晩秋から初冬にかけて野草に宿る露のことです。

鬼《き》

二十八宿の一つで、大吉日にて祝い事など何事にも良いとされます。ただし婚礼のみ凶となります。

箕《き》

二十八宿の一つで、動土、池掘り、物品仕入、集金、建物の改造は大吉です。ただし婚礼、葬式は凶となります。

危《き》

二十八宿の一つで、壁塗り、船普請、かまど造り、酒造り、家づくり、旅行は吉です。ただし衣類仕立て、登山、高所での仕事は凶となります。

菊の節句《きくのせっく》

9月9日の重陽の節句のことで、九月節句ともいいます。古くから菊の花を酒にひたして飲み、栗飯を食べて不老長寿を祝う習わしがあります。

危険物安全週間《きけんぶつあんぜんしゅうかん》

毎年6月の第二週の1週間（日曜日から土曜日まで）で、1990年（平成2年）1月19日に消防庁により定められました。日本で石油類をはじめとする危険物の事業所における自主保安体制の確立を呼びかけるとともに、広く国民の危険物に対する意識の高揚と啓発を図る週間です。

帰忌日《きこび》

下段の一つで「きこ」と表記されます。旅行、帰宅、嫁取り、出張等に注意する日とされます。

如月《きさらぎ》

2月の異称で、寒の戻りなどまだまだ寒く、衣をさらに着込むことから「きぬさらにき＝衣更着」という説が有力です。そのほか、気候が陽気になる季節で「気更来《きさらぎ》」、草木が生え始める月で「生更木《きさらぎ》」といった説もあります。

喜寿《きじゅ》

数え年77歳（満76歳）の長寿の祝いです。「喜」の草書体が、七十七に見える所から、この名称になりました。「喜の字の祝い」「喜の祝い」などともいわれます。

気象記念日《きしょうきねんび》

1875年（明治8年）6月1日に東京気象台が設立され、気象と地震の観測が開始されたことに因んでいます。1942年（昭和17年）に中央気象台（現在の気象庁）より制定されました。

岸和田だんじり祭《きしわだだんじりまつり》

毎年敬老の日（9月の第三月曜日）の直前の土曜日と日曜日に、大阪府岸和田市市内で行われる祭りです。重さ4トンを超えるだんじりを猛スピードで曳き回し、道の角を曲がるときもスピードを緩めない勇壮な祭りです。

北野天満宮瑞饋祭《きたのてんまんぐうずいきまつり》

毎年10月1日から5日まで、京都府京都市にある北野天満宮で行われる祭りです。ずいき（里芋の茎）など食物で飾った神輿の祭りです。

北野天満宮梅花祭《きたのてんまんぐうばいかさい》

毎年2月25日に、京都府京都市にある北野天満宮で、御祭神・菅原道真公の祥月命日に行われる祭典です。梅花祭神事のほか、豊臣秀吉が北野大茶湯を催したことに因んだ「梅花祭野点大茶湯」が開かれます。

北野天満宮例祭《きたのてんまんぐうれいさい》

毎年8月4日に、京都府京都市にある北野天満宮で行われる例祭です。氏子の西ノ京の農家が丹精込めて作った夏野菜を奉納し感謝の祈りを捧げます。

甲　きのえ

十干の一つで、五行では木、陰陽では陽の性質を持ちます。

甲子　きのえね

この日を甲子待《かっしま》ちや甲子祭《きのえねまつり》といって大黒天を祀り、福禄財宝を授かるように祈願する民間行事が全国各地で広く行われています。また諸寺院の大黒天の縁日もこの日になるので、ゆかりのある各寺院は多くの参詣人で賑わいます。

乙　きのと

十干の一つで、五行では木、陰陽では陰の性質を持ちます。

鬼門　きもん

東北方位のことで、鬼が存在する凶方位として古来から伝えられています。家の鬼門方位には玄関や水まわり、トイレなどを避ける方が良いといわれています。なお、鬼門と反対の西南方向を裏鬼門と称し、同じように忌み嫌われています。

牛　ぎゅう

二十八宿の一つで、吉祥宿ですので何事にも吉です。とくに午の刻（11時〜13時）は大吉祥の日柄です。

救急の日　きゅうきゅうのひ

9月9日の語呂合わせから、救急医療の大切さを理解してもらおうと設けられた日です。1982年（昭和57年）に厚生省（現在の厚生労働省）が制定したもので、救急処置の講習などが行われます。

九星　きゅうせい

九星は、一白水星《いっぱくすいせい》、二黒土《じこくど》星《せい》、三碧木星《さんぺきもくせい》、四緑木星《しろくもくせい》、五《ご》黄土星《おうどせい》、六白金星《ろっぱくきんせい》、七赤金《しちせききん》星《せい》、八白土星《はっぱくどせい》、九紫火星《きゅうしかせい》の9つの星から成り立ちます。九星は、年・月・日・時間に配当されます。九星の日への配置は、1年を2期に分け陽遁と陰遁の配置法に従います。陽遁は、冬至より夏至までの半期で冬至に1番近い甲子の日より一白から九紫まで順番に配します。陰遁は、夏至から冬至までの半期で夏至に1番近い甲子の日より九紫から一白まで逆の順番に配します。また陽遁180日陰遁180日、合計360日の周期で循環します。

九星陰遁始め
きゅうせいいんとんはじめ

夏至に一番近い甲子《きのえね》の日のことをいいます。この日から九紫火星↓一白水星の順番に数字を減らして配します。

九星陽遁始め
きゅうせいようとんはじめ

冬至に一番近い甲子《きのえね》の日のことをいいます。この日から一白水星↓九紫火星の順番に数字を増やして配します。

旧暦
きゅうれき

明治以前に使用されていた太陰太陽暦を指し、現在は公式には使われていません。月の満ち欠けに基づく暦法で、一日「ついたち」は朔日といわれ新月の日に当たります。

虚
きょ

二十八宿の一つで、学問始め、衣類着初めには吉です。しかし、相談、掛け合いなど積極的に行動することは大凶となります。

教育文化週間
きょういくぶんかしゅうかん

毎年11月1日から7日までの1週間に、教育・文化に関する行事を集中的に実施し、我が国の教育・文化に関して、広く国民の皆様に関心と理解を深めるとともに、その充実・振興を図ることを目的として、1959年（昭和34年）の閣議了解に基づき制定されました。期間中には全国各地で、体験活動、公開講座、美術館・博物館の無料開放など、様々なイベントが開催されます。

強盛運
きょうせいうん

その年の九星気学に基づいた運勢の名称で、勇気と信念でチャンスに恵まれるときです。運勢は、調整運↓強盛運↓嬉楽運↓改革運↓評価運↓停滞運↓整備運↓躍動運↓福徳運の順に巡ります。

京都・箱根大文字《きょうと・はこねだいもんじ》

毎年8月16日に、京都府京都市にある大文字山で行われるかがり火、神奈川県足柄下郡にある大文字山で行われる盂蘭盆の送り火です。

共同募金《きょうどうぼきん》

毎年10月1日から12月31日までの3か月間、「赤い羽根」をシンボルとした共同募金が行われます。社会福祉法では、共同募金を「都道府県の区域を単位として、毎年1回、厚生労働大臣の定める期間内に限ってあまねく行う寄付金の募集であって、その区域内における地域福祉の推進を図るため、その寄付金をその区域内において社会福祉事業、更生保護事業その他の社会福祉を目的とする事業を経営する者（国及び地方公共団体を除く）に配分することを目的とするものをいう。」と規定しています。

清水寺千日詣り《きよみずでらせんにちまいり》

毎年8月9日から16日まで、京都府京都市にある清水寺に参拝すると、一日で千日分のご利益があるといわれています。通常の昼の拝観に加え、夜の特別拝観も行うことから、境内は遅くまでたくさんの人で賑わいます。

嬉楽運《きらくうん》

その年の九星気学に基づいた運勢の名称で、人脈を強化し、足元を固めるときです。運勢は、調整運→強盛運→嬉楽運→改革運→評価運→停滞運→整備運→躍動運→福徳運の順に巡ります。

銀行の日《ぎんこうのひ》

１８９３年（明治26年）7月1日、普通銀行に関する法規の基礎となる「銀行条例」が施行されました。「地域に、取引先に、株主に」より開かれ、より親しまれ、より信頼されるために、自らを見つめ直す日として、１９９１年（平成3年）に日本金融通信社が制定しました。１９９３年（平成5年）からは「地球にやさしく 顧客に親切」をスローガンにキャンペーンを行っています。

勤労感謝の日《きんろうかんしゃのひ》

11月23日。「勤労をたっとび、生産を祝い、国民たがいに感謝しあう」国民の祝日です。

勤労青少年の日《きんろうせいしょうねんのひ》

毎年7月の第三土曜日と勤労青少年福祉法で定められています。働く若者の福祉について広く国民の関心と理解を深めるとともに、働く若者が社会人、職業人として健やかに成育しようとする意欲を高めることを目的としています。

凶会日《くえにち》

下段の一つで、「くゑ日」とも表記されます。陰と陽の調和がうまくいかない日で、何事をするにも凶とされています。

草市《くさいち》

毎年7月12日の夜から13日にかけて、盂蘭盆の仏前に供える草花や飾り物などを売る市のことです。

熊谷うちわ祭《くまがやうちわまつり》

毎年7月19日から23日まで、埼玉県熊谷市内で行われる祭りです。各町12台の山車・屋台が20日から22日の3日間にわたり、勇壮な「叩き合い」を繰り広げます。

熊野那智大社扇祭《くまのなちたいしゃおうぎまつり》

毎年7月14日に、和歌山県東牟婁郡にある熊野那智大社で行われる祭りです。大和舞、田楽舞、田植舞が奉納され、扇神輿が大社から旧参道を経て滝本の飛瀧神社へ運ばれます。扇神輿を12本の大松明で迎え清めることから、那智の火祭りとも呼ばれています。

熊野速玉大社祭《くまのはやたまたいしゃまつり》

毎年10月15日と16日に、和歌山県新宮市にある熊野速玉大社で行われる祭りです。15日の例大祭のあと「神馬渡御《しんめとぎょ》式《しき》」が行われ、16日には9隻の早船競漕が行われる「御船《みふね》祭《まつり》」が行われます。

蔵開き《くらびらき》

年の初めに、吉日を選んでその年初めて蔵を開くこと、また、その祝いのことです。多くは1月11日に行い、鏡餅を雑煮などにして食べました。江戸時代、大名が米蔵を開く儀式をしたことに始まります。

鞍馬寺竹伐り会式　くらまでらたけきりえしき

毎年6月20日に、京都府京都市にある鞍馬寺で行われる祭りです。長さ4メートル、太さ15センチ近くもある青竹を大蛇に見立て、僧兵姿の鞍馬法師が近江、丹波の両座に分かれ伐る早さを競い豊凶を占います。

鞍馬の火まつり　くらまのひまつり

毎年10月22日に、京都府京都市で行われる祭りで、由岐神社の例祭です。約200本もの松明が町内を巡り、鞍馬寺の山門前の石段に集まります。

クリスマス

イエス・キリストの誕生を祝う祭りで、12月25日に行われます。

久留米祭　くるめまつり

毎年8月3日から5日まで、福岡県久留米市で行われる市民を上げての祭りです。4日の本祭では太鼓響演会、1万人のそろばん総踊り、有馬火消しの梯子乗りなど多くの催しが行われます。

黒日　くろび

下段の一つで、「●」と表記されます。暦注の中でも特別の大凶日とされ、百事に用いていけませんが、葬式だけは妨げなしとされます。受死日《じゅしび》ともいいます。

奎　けい

二十八宿の一つで、宮造り、柱立て、棟上げ、井戸掘り、神仏の祭祀、旅立ちは吉です。

啓蟄　けいちつ

二十四節気の一つで、新暦の3月5日頃になります。この頃冬眠していた虫達が地上の草木の芽とともに穴を開いて這い出てくるという意味です。

計量記念日　けいりょうきねんび

社会全体の計量制度に対する理解の普及を図るために、通商産業省（現在の経済産業省）が1952年（昭和27年）に制定しました。1993年（平成5年）、新計量法が施行されたことを記念し、従来の6月7日から11月1日に変更されました。

敬老の日《けいろうのひ》

9月第三月曜日。「多年にわたり社会につくしてきた老人を敬愛し、長寿を祝う」国民の祝日です。

夏至《げし》

二十四節気の一つで、新暦の6月21日頃です。この日は昼が最も長くなり夜が最も短くなります。夏至は夏季の真中で梅雨しきりといったところですが、暑さはまださほどではありません。

下段《げだん》

古くから悪い日を避けることに重点を置き、庶民の生活の指針になるように日々の吉凶を記した物ですが、現在は吉凶判断において、あまり用いられません。

結核予防週間《けっかくよぼうしゅうかん》

毎年9月24日から9月30日まででで、結核に関する正しい知識の普及啓発を図ることを目的としています。全国各地で街頭募金や無料結核検診、健康相談等を実施して、結核予防の大切さを伝えています。

結婚祝い《けっこんいわい》

結婚式を行った日、あるいは入籍した日を祝い、伴侶に感謝する日です。

月徳日《げっとくにち》

下段の一つで、「月とく」とも表記されます。その月の福を司る日といわれ、何事をするにも吉となっています。

月破《げっぱ》

その月の干支と真逆の方向で凶方位となります。この方位に向かっての普請、造作、動土、移転、婚礼（嫁婿迎え）、旅行などは忌むべきこととされています。

乾宮《けんきゅう》

方位盤において西北45度の一角のことで、戌・乾・亥に三等分してあります。

建勲神社船岡祭　けんくんじんじゃふなおかさい

毎年10月19日に、京都府京都市にある建勲神社で行われる祭りです。織田信長が初めて入洛した日を記念した祭典で、信長ゆかりの「敦盛の舞」や、年によっては火縄銃の実射などが行われます。

建国記念の日　けんこくきねんのひ

2月11日。「建国をしのび、国を愛する心を養う」国民の祝日です。戦前は紀元節といって四大節《しだいせつ》の一つでした。他の国民の祝日が祝日法で定められているのに対し、建国記念の日だけは政令で定められています。

原子力の日　げんしりょくのひ

１９５６年（昭和31年）10月26日に、日本が国際原子力機関（ＩＡＥＡ）に加盟したことに由来し、１９６４年（昭和39年）に日本政府により制定されました。１９６３年（昭和38年）には、茨城県東海村の日本原子力研究所で、日本初の原子力発電が行われました。

憲法記念日　けんぽうきねんび

5月3日。「日本国憲法の施行を記念し、国の成長を期する」ことを趣旨とした国民の祝日です。

亢　こう

二十八宿の一つで、衣類仕立て、物品購入、結納の取り交わし、種まきは吉です。ただし普請建築は凶となります。

皇紀　こうき

日本紀元の名称で、１８７２年（明治5年）の太陽暦採用の年と同時に、神武天皇即位の年を紀元元年と定めて皇紀と呼び、それ以降を順に数えた年数があてはめられました。

皇居一般参賀　こうきょいっぱんさんが

毎年1月2日に、天皇皇后両陛下の他、成年の皇族方が、おおむね5回、長和殿ベランダにお出ましになられます。

黄経　こうけい

天球上の一点から黄道に下ろした垂線の足と春分点との角距離をいいます。春分点より東へプラスに測ります。

公現祭《こうげんさい》

毎年1月6日（2日から8日の日曜日のところも）にキリスト教会で行われる祝祭です。復活祭、聖霊降臨祭とともにキリスト教最古の三大祝日の一つで、東方の博士の来訪、イエス・キリストの受洗、およびイエス・キリストの最初の奇跡を通して神が世に現れたことを記念する日です。

皇后誕生日《こうごうたんじょうび》

1934年（昭和9年）10月20日に、今上天皇の皇后、美智子様が誕生されました。

劫殺《ごうさつ》

歳殺につぐ凶方で、この方位に向っての普請、動土、修理、造作などは凶です。誤ってこれを犯すと災害を被るとされています。

皇寿《こうじゅ》

数え年111歳（満110歳）の長寿の祝いです。「皇」の字の「白」が、「白寿」の際の考え方から、「百」から一を取った「九十九」で、「王」の字は、「十」と「二」からなり、これを足すと「百十一」になることから、この名称になりました。

皇太子誕生日《こうたいしたんじょうび》

1960年（昭和35年）2月23日に、今上天皇の第一皇子として徳仁親王が誕生されました。

高知よさこい祭《こうちよさこいまつり》

毎年8月9日から12日まで、高知県高知市で行われる祭りです。約2万人の踊り子が衣装や踊りに工夫を凝らし街中を巡ります。

黄道《こうどう》

天球上で太陽の年周運動の行路（太陽の見かけの通り道）にあたる大円をいいます。

五黄殺《ごおうさつ》

その年、その月の方位盤の五黄土星が在泊する方位のことをいいます。この凶方に向かって何か事をすることはすべて凶とされています。とくに土を動かすことは大凶で、重きは主人に災いし、軽くても家人に祟るといわれています。

粉河祭　こかわまつり

毎年7月の最終土曜日と日曜日に、和歌山県紀の川市にある粉河産土《こかわうぶすな》神社で行われる祭りです。古式ゆかしい甲冑武者や獅子舞など多種多様な行列に続き、13台の山車が出て、太鼓ばやしがそれに伴います。

古稀　こき

数え年70歳（満69歳）の長寿の祝いです。「人生七十《しちじゅう》古来稀なり」（70歳まで生きることは昔から珍しいことだ）という、杜甫の詩の一節に基づいています。

五行説　ごぎょうせつ

万物すべて「木」「火」「土」「金」「水」の5つの要素からなるとする思想のことをいいます。

穀雨　こくう

二十四節気の一つで、新暦の4月20日頃です。春の季節最後の節気になります。このころは春雨がけむるように降る日が多くなり、田畑をうるおしてその成長を助け、種まきの好期をもたらします。

国際親善デー　こくさいしんぜんでー

１８９９年（明治32年）5月18日、ロシア皇帝ニコライ2世の提唱で、オランダのハーグで第1回平和会議が開催されたことに由来します。

国際婦人デー　こくさいふじんでー

国連が定めた記念日の一つで、１９０４年（明治37年）3月8日、ニューヨークの女性労働が参政権を求めて集会を開いたことに由来しています。１９１０年（明治43年）の国際社会主義婦人会議で提唱され、１９７５年（昭和50年）正式に制定されました。

国際文通週間　こくさいぶんつうしゅうかん

毎年10月9日の万国郵便連合（UPU）結成記念日の「世界郵便デー」を含む1週間で、世界の人々が文通によって互いに理解を深め、世界平和に貢献しようという目的の期間です。日本では１９５８年（昭和33年）から記念切手を毎年発行しています。

黒石寺蘇民祭《こくせきじそみんさい》

毎年旧暦の1月7日午後10時から、岩手県奥州市の黒石寺で行われる祭りです。災厄を払い、五穀豊穣を願う裸参りに始まり、柴燈木登、別当登、鬼子登と夜を徹して行われます。翌日早朝から裸の男たちにより繰り広げられる蘇民袋争奪戦は、この祭りで一番の盛り上がりを見せます。

国土交通デー《こくどこうつうでー》

１９９９年（平成11年）７月16日、国土交通省設置法が公布されたことを記念し、国土交通省が２００１年（平成13年）に制定しました。国土交通行政に関する意義、目的、重要性を広く国民に周知することを目的としています。

国民安全の日《こくみんあんぜんのひ》

１９６０年（昭和35年）、閣議了解により7月1日と制定されました。産業災害、交通事故、火災など、国民の日常生活の安全をおびやかす災害発生の防止を目的として、各種の啓発行事が行われます。

国民の祝日《こくみんのしゅくじつ》

国民の祝日に関する法律によって定められた祝日です。

小倉祇園太鼓《こくらぎおんだいこ》

毎年7月の第三金曜日から日曜日まで、福岡県北九州市で行われる祭りです。小倉城内に鎮座する八坂神社の例祭で、山車に据え付けられた太鼓を若衆が打ち鳴らし、街中に勇壮な太鼓の音が響き渡ります。

国連憲章調印記念日《こくれんけんしょうちょういんきねんび》

１９４５年（昭和20年）６月26日、「国連憲章」に50か国以上が調印し、国際連合の設立が決定したことに因んで、日本国際連合協会が制定しました。

国連の日《こくれんのひ》

１９４５年（昭和20年）10月24日、国際連合が正式に発足したことに由来します。日本は１９５６年（昭和31年）に加盟が認められました。

小正月《こしょうがつ》

中国から入ってきた太陰太陽

暦によって元日を「大正月」としたのに対して、満月を年の初めとした1月15日を小正月と呼んでいます。小正月は望《もち》（満月のこと）の正月ともいわれます。

国旗制定記念日《こっきせいていきねんび》

1870年（明治3年）1月27日、太政官布告第57号の「商船規則」で、日本の国旗のデザインや規格が定められました。当時の規格は、縦横の比率は7：10で、日の丸が旗の中心から旗ざお側に横の長さの100分の1ずれた位置とされていましたが、現在は、1999年（平成11年）8月13日に公布・施行された「国旗国歌法」により、縦横の比率は2：3、日の丸の直径は縦の長さの5分の3、日の丸は旗の中心の位置となっています。

こと始め・こと納め《ことはじめ・ことおさめ》

関東地方では2月8日をこと始め、12月8日をこと納めとする風習があります。しかし、地方や土地によっては、2月をこと納め、12月をこと始めとするところもあり、年中行事としては、全国で同一には行われない行事の一つになっています。2月8日をこと始めとするのは、農作業の準備が2月から始まり、農作業の神事が12月に終わるからという説があります。反対に12月8日をこと始めとするのは、「こと」が正月に関わる行事と考えられてきたことによります。

金刀比羅宮祭《ことひらぐうさい》

毎年10月9日から11日まで、香川県仲多度郡にある金刀比羅宮で行われる祭りです。10日には神輿が御本宮より785段の石段を総勢500名の行列で下ってくる「お下がり」が行われます。

こどもの日《こどものひ》

5月5日。「こどもの人格を重んじ、こどもの幸福をはかるとともに、母に感謝する」国民の祝日です。

坤宮　こんきゅう
方位盤において西南45度の一角のことで、未・坤・申に三等分してあります。

艮宮　ごんきゅう
方位盤において東北45度の一角のことで、丑・艮・寅に三等分してあります。

金神　こんじん
金神には、大金神《だいこんじん》、姫金神《ひめこんじん》、巡金神《めぐりこんじん》があり、そのいずれも金気旺盛にして殺伐を司る凶神とされています。この方位に向かっての普請、造作、動土、移転などは大凶で、誤ってこれを犯すと病災、盗難の方災を被り、重きは人命にかかわる災厄があるといわれています。ただし、この方位に九紫火星の巡る月か、あるいは天道、天徳、月徳などの吉神が巡行する月か、または遊行日を選んで行けば、金神の障りなし、とされています。

◎さ行◎

歳刑神　さいぎょうじん
歳刑神は水星の精で、刑罰を司る凶神です。したがってこの凶神が在泊する方位に向かっての種まき、伐木、屋敷内の動土などは凶とされています。

災殺　さいさつ
歳殺につぐ凶方で、この方位に向かい普請、動土、修理、造作を忌み、もし、それらの事でこの方位を犯すと災害を破るとされています。

賽日　さいじつ
1月と7月の16日は、地獄の釜のふたが開く日といわれる閻魔《えんま》の賽日です。この日は鬼も亡者も骨休みをする日とされています。昔は、地獄でさえ仕事を休むことから、人間も、ということでこの日を「やぶ入り」とし、休暇をもらった商家の店員などで閻魔堂は、各地とも賑わったようです。

歳枝徳　さいしとく
太歳神の5年先の方位を遊行《ゆぎょう》する吉神で、危難を救い、弱きを助ける福徳の神です。

最上稲荷火焚祭

さいじょういなりひたきさい

毎年12月の第二日曜日とその前日に、岡山県岡山市にある最上稲荷山妙教寺で行われる祭りです。境内に特設された護摩壇には、前年授与されたお札が山と積まれ、感謝をこめてお焚き上げが土曜日の点火式から行われます。

歳殺神

さいせつじん

歳殺神は金星の精で、もっぱら殺伐を司る凶神です。したがってこの凶神の在泊する方位に向かっての婚礼（嫁婿迎え）は忌むべきこととされています。

西大寺会陽裸祭

さいだいじえようはだかまつり

毎年2月の第三土曜日に、岡山県岡山市にある西大寺で行われる祭りです。本堂御福窓から住職が投下する2本の宝木《しんぎ》をめぐって、裸の集団による激しい争奪戦が繰り広げられます。この宝木を取った者は、福男と呼ばれ福が得られるといいます。

歳旦祭

さいたんさい

元旦に、宮中および諸神社で、皇室ならびに国民の繁栄と農作物の豊作を皇祖・天神《てんじん》地祇《ちぎ》に祈願する祭祀のことです。

歳破神

さいはじん

その年の十二支と向かい合う方位、つまり太歳神の冲《ちゅう》する方位に回座し、この方位に向かっての普請、造作、動土、移転、婚礼（嫁婿迎え）、旅行などは忌むべきこととされています。

歳馬神

さいばじん

別名天馬ともいい道路交通を司る吉神で普請、動土にも力があるとされます。

歳末助け合い運動

さいまつたすけあいうんどう

毎年12月1日から歳末時に、生活困窮者などの要援護者・世帯を支援するために、社会福祉協議会、民生（児童）委員および共同募金会等が中心となって地域住民や関係機関・団体の協力で行われる福祉活動です。

歳禄神　さいろくじん

歳禄はその年の天干《てんかん》にしたがう十二支の座方に在泊して、その年の吉福を司るとされています。旅行、移転、普請、動土、婚礼、開店、商取引、相談事などに吉祥を招きます。

堺大魚夜市　さかいおおうおよいち

毎年7月31日に、大阪府堺市にある大浜公園で行われる魚市です。午後7時から行われる魚セリや夜店、企業のPRブース等も出展され、地域住民と密着した歴史的な祭りです。

嵯峨釈迦堂お松明　さがしゃかどうおたいまつ

毎年3月15日に、京都府京都市にある清凉寺で行われる行事です。高さ7メートルの3本の松明に点火し、火勢の強弱でその年の農作物の豊凶を占います。

酒田まつり　さかたまつり

毎年5月19日から21日まで、山形県酒田市にある日枝神社で行われる祭りで、酒田市中心部を会場として行われます。20日の本祭りは、大獅子や仔獅子、傘鉾など約50台の山車行列があります。

左義長　さぎちょう

→どんど焼《や》き（P. 66）

朔　さく

新月の日のことです。旧暦の場合の毎月の初日は、朔日《さくじつ》といい、一般的には「ついたち」と呼んでいます。

朔望月　さくぼうげつ

月の満ち欠けの1周期のことをいいます。

さだん　さだん

中段十二直の一つで、定の文字が意味するように、良悪定まってとどまる日となります。従って建築、柱立て、棟上げ、移転、婚礼、開店、開業、種まき、井戸掘りなどには吉です。ただし、訴訟、旅行、樹木の植え替えなど変化を求めることには凶となります。

皐月　さつき

5月の異称で、旧暦の5月は梅雨。「皐月晴れ」は梅雨の晴れ間のことでした。早苗を植える「早苗月《さなえづき》」の呼び名が略されたといわれます。また、耕作を意味する古語の「さ」に、「神にささげる稲」という意味がある「皐」を当てたともいわれています。

雑節　ざっせつ

旧暦で1年間の季節の推移を把握する為に、補助的な意味から設けられた特別な暦日のことです。古くから庶民の生活に溶け込んで、民俗行事や年中行事として伝統的に用いられています。

里親デー　さとおやでー

1950年（昭和25年）10月4日、日本に里親制度が始まったことから、この日を「里親デー」と呼んでいます。里親とは、いろいろな事情により家庭で暮らせない子どもたちを、自分の家庭に迎え入れて養育する人です。里親制度は、児童福祉法に基づいて里親になることを希望する方に子どもの養育をお願いする制度です。

三社祭　さんじゃまつり

毎年5月17日と18日に近い金曜日から日曜日まで、東京都台東区にある浅草神社で行われる祭りです。最終日には3つの本社神輿が境内から担ぎ出され、毎年100万以上もの人が訪れます。

傘寿　さんじゅ

数え年80歳（満79歳）の長寿の祝いです。「傘」を略した字が「八」と「十」に見えるところから、この名称になりました。

三の午　さんのうま

2月の3回目の午の日のことです。一般的には各地の稲荷神社の縁日としてお祭りが行われます。

三の酉　さんのとり

↓酉《とり》の市《いち》（P.66）

三伏日　さんぷくび

初伏《しょふく》、中伏《ちゅうふく》、末伏《まっぷく》の総称で、種まき、旅行、婚礼、その他和合のことには用いないほうが良いとされています。

三隣亡　さんりんぼう

この日に建築、とくに普請始めや、柱立て、棟上げをすると、火災を起こし、その災いは近隣（三隣）にまで及ぶとして、大凶日とされています。また移転も凶とされます。

觜　し

二十八宿の一つで、稽古始め、山仕事始め、運搬始めは吉です。ただし造作、仕立物の着初めは凶となります。

塩竈みなと祭　しおがまみなとまつり

毎年7月の第三月曜日（海の日）に、宮城県塩竈市で行われる祭りです。鹽竈《しおがま》神社の神輿を奉安する御座船の鳳凰丸と、志波彦《しわひこ》神社の神輿を奉安する御座船の龍鳳丸が、松島湾内を巡幸します。

四神相応　しじんそうおう

風水などにおける好適地の条件のことをいいます。四神とは天空を司る神で、東を守護する青竜、南を守護する朱雀、西を守護する白虎、北を守護する玄武をいいます。

地蔵ぼん　じぞうぼん

毎年7月24日に、盆祭りの終わりの日に行われ、関西地方で盛んな行事です。8月23日・24日に行う地域も多く、石地蔵にお飾りをして祀り、さまざまな余興を行います。地蔵会、地蔵祭り、地蔵まわりなどと地方によって呼び名が違い、それぞれ行事の内容も違っているようです。

七五三　しちごさん

男の子は3歳と5歳、女の子は3歳と7歳に、子供の成長を祝う人生儀礼です。現在では、11月15日に限らず、10月末から11月末の間の都合の良い日にお参りに行くことが多くなっています。昔は男女児とも3歳になると髪を伸ばして結いなおす「髪置《かみおき》」、男児は5歳になると袴と小袖を着て扇を持つ「袴着《はかまぎ》」、女児は7歳になると初めて本式の帯を締める「帯解《おびとき》」という儀式が行われていました。

七曜　しちよう

日（太陽）と月に木星、火星、土星、金星、水星の五つの惑星を加えて七天体とし、これを日ごとに配した名称のことです。現在日本では週として七曜を一周期とする時間の単位が使用されていますが、この単位が日常的に広まったのは太陽暦導入以降のことです。

地鎮祭　じちんさい

土木工事や建築をする際に、土地の神様に工事の無事や建物の安全を祈願することをいいます。その土地の氏神神社の神職を招き、建築主と棟梁、設計士など、内輪の人たちと共に行います。

室　しつ

二十八宿の一つで、祈願始め、婚礼、祝い事、神仏の祭祀など何事にも良いとされます。

十干　じっかん

古代中国では、万物すべて「陰」と「陽」の2つの要素に分けられるとする「陰陽《いんよう》説《せつ》」と、すべて「木」「火」「土」「金」「水」の5つの要素からなるとする「五行説《ごぎょうせつ》」という思想がありました。これらを組み合わせて「陰陽五行説」といい、五行にそれぞれ陰陽を加えたものをいいます。別名を天干《てんかん》とも称し、甲《きのえ》、乙《きのと》、丙《ひのえ》、丁《ひのと》、戊《つちのえ》、己《つちのと》、庚《かのえ》、辛《かのと》、壬《みづのえ》、癸《みづのと》の10通りから成り立っています。

十方暮　じっぽうぐれ

甲申《きのえさる》から癸巳《みづのとみ》の日までの10日間をいい、この期間は十方の気がふさがっていて、何の相談事もうまくいかないといわれています。この日は労して功の少ない日とされ、事を起こしても失敗損失を招く怖れがあるとされています。

四天王寺どやどや　してんのうじどやどや

毎年1月14日に、大阪府大阪市にある四天王寺で行われる行事です。堂内では厳粛な法要が、堂前では褌《ふんどし》・鉢巻き姿の生徒たちが、お札を奪い合う勇壮な祭りが行われます。参詣者には牛王宝印楊枝《ごおうほういんようじ》が授与されます。

児童福祉週間　じどうふくししゅうかん

毎年5月5日の「こどもの日」から1週間と厚生労働省が定め、子どもや家庭、子どもの健やかな成長について国民全体で考えることを目的としています。

芝大神宮《しばだいじんぐう》しょうが市《いち》

毎年9月11日から21日まで、東京都港区にある芝大神宮で行われる祭りです。11日間も続く期間の長さと、この時期が長雨の頃ということから、「だらだら祭り」とも呼ばれています。

死符《しふ》

歳破が巡ったあとで、その余《よ》燼《じん》のような災いがあるといい、土を動かすこと、とくにこの方角に塚や墓をつくることは忌み避けるべきとされています。

終い天神《しまいてんじん》

毎月25日は天満宮の縁日で、12月25日は「終い天神」と呼ばれ、1年を締めくくる恒例の行事です。境内周辺には早朝から植木や骨董品・衣料品・正月用品などを商う露店が多数立ち並び、多くの参拝者で賑わいます。

下田黒船祭《しもだくろふねさい》

毎年5月の第三土曜日を含む金曜日から日曜日まで、静岡県下田市で行われる祭りです。記念式典や墓前祭が厳かに行われる一方で、町内や海辺の会場では活気にあふれたイベントが行われます。

霜月《しもつき》

11月の異称で、本格的に寒さが厳しくなり、霜が降る日も多くなってくることを表す「霜降月《しもふりつき》」から転じたとされます。また10月を示すカミ(上)の月に対するシモ(下)の月から「しもつき」と呼ばれた、などの説もあります。

下関海峡祭《しものせきかいきょうまつり》

毎年5月2日から4日まで、山口県下関市で行われる祭りです。源平最後の戦いとなった関門海峡をバックに源平武者行列、源平船合戦、源平弓合戦、先帝祭が行われます。

社会を明るくする運動《しゃかいをあかるくするうんどう》

毎年7月1日の「更生保護の日」から1か月間を強化月間とし、全国各地で新聞やテレビ等による広報、街頭キャンペーンや講演会の開催など、さまざまな催しを実施しています。１９４９年（昭和24年）７月１日に犯罪者予防更生法が施行されたことに因んでいます。

写真の日　しゃしんのひ

１８４１年（天保12年）６月１日、日本初の写真撮影が行われたことに因んで、社団法人日本写真協会が１９５１年（昭和26年）に制定しました。その後の調査で文献の記述が誤っていることが判明しましたが（日本初は１８５７年（安政４年）９月17日）その後も６月１日を写真の日としています。

赤口　しゃっこう

六輝の一つで、この日は正午（11時から13時）のみ吉ですが、その前後は新規の事はもちろん、何事をするのも忌むべき日です。

社日　しゃにち

土地の神や五穀の神を祀り祝う日で、春分、秋分の日に最も近い戊《つちのえ》の日をいいます。

十三詣り　じゅうさんまいり

旧暦の３月13日に、数え年で13歳になった少年少女が両親につきそわれて虚空蔵菩薩《こくうぞうぼさつ》を祀る寺に参拝し、福徳や知恵を授かる行事です。現在では月遅れの４月13日に行われることが多いです。

終戦記念日　しゅうせんきねんび

１９４５年（昭和20年）８月15日の正午、昭和天皇が「戦争終結の詔書」を読み上げる玉音放送により、ポツダム宣言受諾・連合国への降伏が日本国民に伝えられました。長崎に原爆が投下されてから５日後の１９４５年（昭和20年）８月14日、日本政府はポツダム宣言の受諾を決定し、連合国に通告しました。

十二支　じゅうにし

別名を地支《ちし》とも称し、12の順を表す呼び名で、年、月、日、時刻、方位などに用いられていますが、もともとは植物の成長過程を12の段階で表したものだともいわれています。それがやがて12種類の動物、子《ね》、丑《うし》、寅《とら》、卯《う》、辰《たつ》、巳《み》、午《うま》、未《ひつじ》、申《さる》、酉《とり》、戌《いぬ》、亥《ゐ》を当てはめ、現代でも知られる姿になりました。

重日　じゅうにち

下段の一つで「ぢう日」と表記され、吉事を行えば吉事が重なり、凶事なら凶事が重なるということで婚礼や葬式には良くないとされています。

秋分　しゅうぶん

二十四節気の一つで、新暦の9月23日頃になります。この日は秋の彼岸の中日で、国民の祝日になっています。また春分と同じく、昼夜の長さが同等ですが、北半球ではこれより次第に昼が短く、夜が長くなっていきます。

秋分の日　しゅうぶんのひ

9月23日頃。「祖先をうやまい、なくなった人々をしのぶ」国民の祝日です。

十四日年越し　じゅうよっかとしこし

1月15日の小正月を年明けと考え、1月14日を「十四日年越し」として年越しを祝う風習をいいます。

受死日　じゅしび

下段の一つで、俗に黒日《くろび》ともいい暦には●を記し、特別の大凶日とされます。葬式だけは妨げありませんが、百事に用いられない悪日です。

修正会　しゅしょうえ

毎年1月1日に、諸寺院で、前年を反省して悪を正し、新年の国家安泰、五穀豊穣などを祈願する行事です。期間は基本的に7日間ですが、寺院などによって期間が異なります。

十死日　じゅっしび・じゅうしにち

下段の一つで「十し」と表記されます。善悪ともに用いられない日としています。十は数字の十ではなく、ことごとくの意味で婚礼、葬式に用いると大災害を被ると伝えられています。

春分　しゅんぶん

二十四節気の一つで、新暦の3月21日頃になります。一般にこの日を春の彼岸の中日といい、国民の祝日になっています。この日は昼と夜の長さがほぼ等しくなり、この日を境に徐々に昼間が長くなり反対に夜が短くなっていきます。

春分の日 しゅんぶんのひ

3月21日頃。「自然をたたえ、生物をいつくしむ」国民の祝日です。

女 じょ

二十八宿の一つで、稽古事始め、種まきは吉です。ただし訴訟、争論、掛け合い事、婚礼、葬式は凶となります。

障害者週間 しょうがいしゃしゅうかん

毎年12月3日から12月9日までと障害者基本法で定められており、日本国民の間に広く障害者の福祉についての関心と理解を深めるとともに、障害者が社会、経済、文化その他あらゆる分野の活動に積極的に参加する意欲を高めることを目的とした週間です。12月9日は1975年（昭和50年）に国際連合で「障害者の権利宣言」が採択された日です。

小寒 しょうかん

二十四節気の一つで、新暦の1月6日頃になります。本格的な冬の季節で、寒風と降雪に悩まされます。

将棋の日 しょうぎのひ

八代将軍徳川吉宗の時代に、11月17日に御城将棋という年中行事が行われていた史実から、日本将棋連盟が1975年（昭和50年）に制定しました。

上弦の月 じょうげんのつき

月の右側だけが見える半月のことをいいます。

正午 しょうご

昼の12時を指しますが、太陽暦導入前は時刻を十二支で数えており、午《うま》の刻が午前11時から午後1時にあたるので、その中央の時刻を正午と呼びました。

上巳の節句 じょうしのせっく

3月3日のひな祭のことで、別名「桃の節句」ともいいます。昔は3月初めの「巳」の日に雛を祀ったので、上巳の節句の名が残りました。

小暑 しょうしょ

二十四節気の一つで、新暦の7月7日頃になります。夏至を境に日脚は徐々に短くなっていきます。しかし、逆に暑さは日増しに加わっていき真夏に近づきます。

小雪《しょうせつ》

二十四節気の一つで、新暦の11月22日頃になります。遠い山嶺の頂きには雪が眺められ、冬の到来を感じられます。

上棟式《じょうとうしき》

家屋の柱、棟、梁などの基本的な骨組みが終わり、家屋の棟木を上げる際に行われる儀式です。氏神神社の神職を招いてお祓いをする場合もありますが、現在では建築関係者をもてなす「お祝い」の意味合いが強くなっています。

小の月《しょうのつき》

旧暦では、月の日数が29日の月をいいます。新暦では２月、４月、６月、９月、11月のことです。

消防記念日《しょうぼうきねんび》

１９４８年（昭和23年）３月７日、消防組織法が施行されたことを記念して、１９５０年（昭和25年）に制定されました。この法律が施行されるまでは、消防は警察の管轄となっていましたが、この日からは新設された消防庁の所管となりました。消防のＰＲ活動などの行事が行われます。

小満《しょうまん》

二十四節気の一つで、新暦の５月21日頃になります。陽気盛んで、田に苗を植える準備を始めるなど、万物がほぼ満足する季節になります。

昭和の日《しょうわのひ》

４月29日。「激動の日々を経て、復興を遂げた昭和の時代を顧み、国の将来に思いをいたす」ことを趣旨とした国民の祝日です。この日は昭和天皇の誕生日で、２００７年（平成19年）から施行されました。

処暑《しょしょ》

二十四節気の一つで、新暦の８月23日頃になります。涼風が吹き渡る初秋の頃で、暑さも和らぎ、収穫も目前になります。

初伏《しょふく》

夏至後の第三の庚の日をいいます。種まき、婚礼、その他和合のことには用いない方がいいとされています。

除夜の鐘《じょやのかね》

大晦日に寺院でつかれる108つの鐘のことをいいます。108という数字は仏教思想に基づくもので、人間の持つ煩悩の数だといわれています。本来は107回を旧年中（12月31日）について、最後の1回を年が明けてからつくものとされていますが、地域や寺院によっては年が明けてから鐘をつくところもあるようです。

師走《しわす》

12月の異称で、「師」である僧侶が、お経をあげるため忙しく東西を走り回る月と解釈する「師《し》馳《は》す」や「師走り月」が語源といわれます。また、1年を納める月を意味する「四季果つ」「為《し》果つ」が変化したともいわれます。

心《しん》

二十八宿の一つで、神仏の祭祀、移転、旅行は吉です。ただし婚礼、普請建築その他、葬式は凶となります。

軫《しん》

二十八宿の一つで、地鎮祭、棟上げ、落成式、神仏の祭祀、祝い事などは吉です。

参《しん》

二十八宿の一つで、物品仕入れ、倉庫納入、新規取引開始、祝い事などは吉です。

震宮《しんきゅう》

方位盤において東方45度の一角のことで、甲・卯・乙に三等分してあります。

新月《しんげつ》

旧暦の1日の月をいい、この時の月は、太陽と同方向にあるので、私達の目では、実際には見ることはできません。

人権週間《じんけんしゅうかん》

毎年12月10日の「世界人権デー」を最終日とした1週間で、各関係機関及び団体の協力の下、世界人権宣言の趣旨及びその重要性を広く国民に訴えかけるとともに、人権尊重思想の普及高揚を図ることが目的です。全国各地においてシンポジウム、講演会、座談会、映画会等を開催するほか、テレビ・ラジオなど各種のマスメディアを利用した集中的な啓発活動を行っています。

神幸祭《しんこうさい》
神霊が宿った神体や依り代を神輿などに移し、神社から他所に移る行事を中心とする祭りをいいます。

神殺《しんさつ》
八将神（太歳神・大将軍・太陰神・歳刑神・歳破神・歳殺神・黄幡神・豹尾神）と金神、その他の凶神在泊の方位をいいます。

人日《じんじつ》
1月7日に行われる行事で、五節句の一つです。七草《ななくさ》の節句ともいい、「七草粥」を食べて1年間の無病息災を祈ります。

新米穀年度《しんべいこくねんど》
日本で米穀に関わる年度のことをいいます。11月1日から翌年の10月31日までの1年間を区切りとしています。

新暦《しんれき》
日本では1872年（明治5年）から太陽暦が採用されました。それ以前に使用されていた太陰太陽暦（旧暦）に対し、こう呼ばれています。

住吉大社御田植神事《すみよしたいしゃおたうえしんじ》
毎年6月14日に、大阪府大阪市の住吉大社で行われる祭りです。儀式を略することなく、当時と同じ格式を守り、華やかで盛大に行われる田植え行事です。

住吉祭《すみよしまつり》
毎年7月31日に、大阪府大阪市にある住吉大社で行われる例大祭を中心とした祭りです。7月海の日に「神輿洗神事」、30日に「宵宮祭」、31日に「夏越祓神事・例大祭」、8月1日には神輿が行列を仕立て、堺の宿院頓宮までお渡りする「神輿渡御」が行われます。

星《せい》
二十八宿の一つで、乗馬始め、治療始め、便所改造は吉です。ただし婚礼、葬式、五穀種まきは凶となります。

井《せい》

二十八宿の一つで、神仏参詣、動土、種まき、普請建築、落成式など何事も吉です。

制化《せいか》

方位盤において吉神と凶神が同じ方位に巡る場合、吉神が凶神の力を抑え、緩和することです。ただし、歳破、暗剣殺、五黄殺、本命殺は抑えられません。

税関記念日《ぜいかんきねんび》

1872年（明治5年）11月28日、長崎・横浜・函館に設けられていた外国との貿易を扱う運上所が「税関」と改称されたことに因んで、大蔵省（現在の財務省）により1952年（昭和27年）に制定されました。

成人式《せいじんしき》

子どもが成長して大人になったことを祝う人生儀礼です。自治体が中心となって行う式典が、成人の日の行事として行われています。（1月第二月曜日）

成人の日《せいじんのひ》

1月の第二月曜日。「おとなになったことを自覚し、みずから生き抜こうとする青年を祝い励ます」国民の祝日です。

聖バレンタインデー《せいばれんたいんでー》

2月14日に、女性が男性にチョコレートを贈り、愛の告白をする日として知られていますが、この風習は日本だけのものです。

整備運《せいびうん》

その年の九星気学に基づいた運勢の名称で、基本を守り、信用第一に動くべきときです。運勢は、調整運→強盛運→嬉楽運→改革運→評価運→停滞運→整備運→躍動運→福徳運の順に巡ります。

清明《せいめい》

二十四節気の一つで、春分後の15日目に当たり、新暦の4月5日頃になります。この頃になると草、木、花を始め万物に清明の気があふれてくるという意味です。

誓文払い《せいもんばらい》

毎年10月20日に、商売で1年間についた嘘を払い、神罰を免れるよう祈る習慣です。

世界宇宙飛行の日《せかいうちゅうひこうのひ》

1961年（昭和36年）4月12日、世界初の有人宇宙衛星船・ソ連のボストーク1号が打ち上げに成功したことに因んでいます。

世界エイズデー《せかいえいずでー》

毎年12月1日のことで、世界保健機構（WHO）がエイズに対する人々の意識を高めるために、1988年（昭和63年）に制定されました。

世界環境デー《せかいかんきょうでー》

1972年（昭和47年）6月5日、国連人間環境会議が人類のために人間環境の保全と改善を目標とする「人間環境宣言」を採択したことを記念して設けられました。日本では「環境の日」と制定され、各地で環境問題をテーマとした催しが開かれます。

世界気象デー《せかいきしょうでー》

1950年（昭和25年）3月23日、世界気象機関条約が発効し、国連の専門機関の世界気象機関（WMO）が正式に発足したことを記念して、1960年（昭和35年）に制定されました。毎年キャンペーンテーマを設け、気象知識の普及や国際的な気象業務への理解の促進に努めています。

世界禁煙デー《せかいきんえんでー》

毎年5月31日のことで、国連の世界保健機関（WHO）が1989年（平成元年）に、世界人類の健康のために設けた日です。

世界勤倹デー《せかいきんけんでー》

1924年（大正13年）10月31日、にイタリアのミラノで開催されていた国際貯蓄会議の最終日に、この日を「世界勤倹デー」とすることが決定されました。

世界人権デー《せかいじんけんでー》

1948年（昭和23年）12月10日、パリのシャイヨー宮殿で開かれた第三回国連総会で人権宣言が採択されたことに因み、１９５０年（昭和25年）の総会でこの日を「人権デー」としました。

世界赤十字デー《せかいせきじゅうじでー》

赤十字の創始者、スイスのアンリー・デュナンの誕生日に由来します。１８２８年５月８日に生まれたデュナンは、敵味方の区別なく苦しむ兵士を助ける中立・博愛の団体の創設を提唱しました。１８６４年（元治元年）にジュネーブ条約が結ばれて国際赤十字が誕生、日本も１８８６年（明治19年）に加盟しました。

世界都市計画の日《せかいとしけいかくのひ》

アルゼンチンの都市計画学者・パオレラ教授が、１９４９年（昭和24年）11月８日に提唱しました。日本では都市計画協会が１９６５年（昭和40年）から実施しており、専門家の記念講演や対談などが行われています。

世界の法の日《せかいのほうのひ》

１９６５年（昭和40年）９月13日から20日までワシントンで開催された「法による世界平和第２回世界会議」で、９月13日を「世界法の日」とすることが宣言されました。

世界平和記念日《せかいへいわきねんび》

１９１８年（大正７年）11月11日、ドイツとアメリカ合衆国が停戦協定に調印し、４年あまり続いた第１次世界大戦が終結したことを記念し制定されました。主戦場となったヨーロッパの各国では、この日を祝日としています。

世界保健デー《せかいほけんでー》

１９４６年（昭和21年）の国際保健会議で、「世界保健機関憲章」が採択され、２年後の１９４８年（昭和23年）４月７日に発効しました。日本ＷＨＯ協会では毎年、ＷＨＯ（世界保健機関）の標語に因んだテーマで中学生などから作文を募集し、健康への関心を高めてもらおうとしています。

世界郵便デー《せかいゆうびんでー》

１８７４年（明治７年）10月

9日、全世界を一つの郵便地域にすることを目的に、万国郵便連合が発足したことが由来です。1969年（昭和44年）万国郵便連合（UPU）が「UPUの日」として制定し、1984（昭和59）年に「世界郵便デー」と名称を変更しました。

世田谷ボロ市《せたがやぼろいち》
毎年12月15日、16日と1月15日、16日に、東京都世田谷区で行われる行事です。最初は古着や古道具など農産物等を持ち寄ったことから「ボロ市」という名前がついたとされています。現在では骨董品、日用雑貨、古本や中古ゲームソフトを売る露店が約700店並び、毎年多くの人々で賑います。

節入り《せついり》
暦上の各月の始まりのことをいいます。二十四節気の立春、啓蟄、清明、立夏、芒種、小暑、立秋、白露、寒露、立冬、大雪、小寒が節入り日となります。

節分《せつぶん》
本来は、二十四節気の気候が変わる立春、立夏、立秋、立冬の前日のことをいいました。現在は立春の前日の特称となっています。この日に神社仏閣や各家庭において豆まきが行われます。

先勝《せんかち》
六輝の一つで、万事急ぐことに吉、訴訟事は先手必勝の日とされています。しかし午後は何をするのも凶とされています。

全国安全週間《ぜんこくあんぜんしゅうかん》
毎年7月1日から1週間実施されており、産業界での労働災害を防止するための自主的な活動を推進するとともに、職場での安全に対する意識を高め、安全を維持する活動の定着を目的としています。

全国狩猟禁止《ぜんこくしゅりょうきんし》
2月16日から11月15日の解禁日まで北海道以外の全国で狩猟禁止となっています。北海道は2月1日から9月30日まで狩猟禁止となっています。

全国戦没者追悼式《ぜんこくせんぼつしゃついとうしき》

１９４５年（昭和20年）８月15日、昭和天皇による戦争終結の放送がなされ、３年８か月に及んだ太平洋戦争が終わりました。政府主催の全国戦没者追悼式が初めて行われたのは、戦後18年経った１９６３年（昭和38年）でした。

全国緑化キャンペーン《ぜんこくりょくかきゃんぺーん》

国土緑化推進機構により、毎年２月15日から５月31日まで、国土緑化運動に対する国民の関心を高め、「国民参加の森林づくり」への参加を呼びかけるために設定されています。

選日《せんじつ》

古来、その日の吉凶を判断するために用いられた特殊な性格の日柄のことをいいます。およそ人事百般にわたってあらゆる角度からそれぞれの日の吉凶を吟味したものです。

仙台七夕《せんだいたなばた》

毎年８月６日から８日まで、宮城県仙台市で行われる祭りです。祭り期間中、仙台市内中心部および周辺商店街をはじめ、街中が色鮮やかな七夕飾りで埋め尽くされ、毎年200万人を超える観光客で賑わいます。

仙台どんと祭《せんだいどんとさい》

毎年１月14日の夜、もしくは15日の朝に行われる、宮城県を中心に呼ばれる祭りの呼称です。他地域で左義長やどんど焼きなどと呼ばれる祭りに類似しています。仙台市にある大崎八幡宮の「松焚祭《まつたきまつり》」が宮城県最大規模です。

先負《せんまけ》

六輝の一つで、もともとは吉日に入る日柄だったものが、他人よりも先に物事を行えば期待に反する日ということになり、何事も控えめにして静観しているほうが良いとされ、とくに公事や急用は避けたほうが無難とされています。ただし午後は大吉です。

霜降《そうこう》

二十四節気の一つで、新暦の

10月23日頃になります。秋も深まり、早朝にはところによっては霜を見るようになります。

相剋《そうこく》

五行同士の関係性の中で、他の気を圧迫するとか抑えつけることをいい、相剋の関係は凶となります。木は金と土、火は水と金、土は木と水、金は火と木、水は土と火が相剋の関係です。

相生《そうじょう》

五行同士の関係性の中で、ある気が他の気を生みだしていくことをいい、相生の関係は吉となります。木は水と火、火は木と土、土は火と金、金は土と水、水は金と木が相生の関係です。

相馬野馬追大祭《そうまのまおいたいさい》

毎年7月の最終土曜日から月曜日に、福島県南相馬市で行われる祭りです。各郷の騎馬武者勢が祭場地に着くと、馬場清めの儀式の後、宵乗り行事が行われます。

速記記念日《そっききねんび》

1882年（明治15年）10月28日、田鎖綱紀が日本傍聴記録法講習会を開いたことを記念し、日本速記協会が定めました。現在ではひろく国民に速記に関する関心を啓発する催しなどが行われています。

卒寿《そつじゅ》

数え年90歳（満89歳）の長寿の祝いです。「卒」を略した字の「卆」が、九十に見える所から、この名称になりました。

空の日《そらのひ》

1911年（明治44年）9月20日、山田猪三郎が開発した山田式飛行船が東京上空を1時間にわたり飛行したのを記念して、1940年（昭和15年）に制定された「航空日」を発展的に改称したものです。航空の安全と一層の成長を願い、広く国民に親しまれるようにアピールしていくことが目的です。

巽宮《そんきゅう》

方位盤において東南45度の一角のことで、辰・巽・巳に三等分してあります。

◎た行◎

大安　たいあん

六輝の一つで、全てにおいて吉の日です。婚礼、旅行、建築、移転、開店など、何事をするにも吉とされ、積極的に進めて良い日となっています。

体育の日　たいいくのひ

10月第二月曜日。「スポーツにしたしみ、健康な心身をつちかう」国民の祝日です。１９６４年（昭和39年）の東京オリンピック開会式を記念して制定されました。

太陰太陽暦　たいいんたいようれき

太陰暦を基にしつつ、実際の季節とのずれを補正した暦のことです。日本では１９８７年（明治5年）の太陽暦採用まで使用されていました。

太陰暦　たいいんれき

新月の日を1日（ついたち）として、月の満ち欠けの周期を基にした暦のことです。

太陰神　だいおんじん

鎮星（土星）を神格化したもので、一説には太歳神の后《きさき》とされます。この凶神はその年の陰事を司り、婚礼や出産等、とくに女性に関することにこの方角を用いると災いを及ぼすとされます。

大禍日　たいかにち

下段の一つで、「大くわ」と表記されます。この日に改築、修理は厳しく忌むこととされています。

大寒　だいかん

二十四節気の一つで、新暦の1月21日頃になります。ますます極寒にさいなまれますが、春はもうすぐ間近にせまっています。

醍醐寺五大力尊仁王会　だいごじごだいりきそんにんのうえ

毎年2月23日に、京都府京都市にある醍醐寺で行われる行事で、「五大力さん」として親しまれています。この日だけ授与される災難・盗難除けのお札「御影《みえい》」は、京都の町屋や老舗、各家庭の出入り口に貼られています。このお札を求めて、全国から十数万人の参拝者が訪れます。

大金神《だいこんじん》

金気旺盛にして殺伐を司る凶神とされており、この方位に向かっての普請、造作、動土、移転などは大凶で、誤ってこれを犯すと病災、盗難の方災を被り、重きは人命にかかわる災厄があるといわれています。

太歳神《たいさいじん》

木星の精と称されており、四季の万物の生成を司る神とされ、この方位に向かっての家屋建築、普請、造作、移転、商取引、婚礼（嫁婿迎え）、社員・従業員の雇用などには吉ですが、掛け合い事、談判、伐木、取り壊しなどは凶とされています。ただし植付け等の物を殖する事は大吉です。

大暑《たいしょ》

二十四節気の一つで、新暦の7月23日頃になります。この頃は暑さもますます加わり、酷暑にさいなまれます。夏の土用はこの節気に入ります。

大将軍《だいしょうぐん》

3年間同じ方位に在泊して動きませんので、俗に「3年ふさがり」といわれる凶神です。殺伐の気が激烈で、この方位に向かって動土、普請、造作、移転、旅行などをすると、病難、ケガなどの方災を被るとされています。

大雪《たいせつ》

二十四節気の一つで、新暦の12月7日頃になります。山の峰々は積雪におおわれ、北風が吹きすさんでいよいよ冬将軍の到来を感じられます。

大の月《だいのつき》

旧暦では、月の日数が30日の月をいいます。新暦では1月、3月、5月、7月、8月、10月、12月のことです。

大みやう《だいみょう》

下段の一つで、大明日、大みょうにちとも書きます。天地に清気がみなぎり、太陽の光がすみずみまで照らすという意味があり、吉事善事に用いて大吉となり、とくに建築、移転、旅行、婚礼に良いとされます。

太陽神　たいようじん

制化力の強い吉神とされ、よく凶神に打ち克《か》ちます。とくに普請、造作、動土、婚礼、移転、旅立ちなどに用いると吉とされます。

太陽暦　たいようれき

太陽の周期（季節変化）を基にした暦のことです。

太陽暦採用記念日　たいようれきさいようきねんび

日本で太陽暦（グレゴリオ暦）が採用されたのは1872年（明治5年）のことです。この年の11月9日に太陰太陽暦から太陽暦への改暦が発表され、12月3日を明治6年1月1日として新暦がスタートしました。

たいら

中段十二直の一つで、この日は平の文字が意味するように、物事の平穏平等のための地固め、柱立て、旅行、婚礼、その他祝い事に用いれば円満の結果が得られる吉日です。ただし池や溝、穴を掘るのは凶となります。

高岡御車山祭　たかおかみくるまやままつり

毎年5月1日に、富山県高岡市にある高岡関野神社で行われる春季例祭です。富山県内で最も古い歴史ある山車（曳山）祭りで、御車山《みくるまやま》と呼ばれる7基の山車が囃子とともに高岡の旧市街を巡行します。

高崎だるま市　たかさきだるまいち

毎年1月6日と7日に、群馬県高崎市にある少林山達磨寺で行われる日本最大級のだるま市です。毎年約20万もの人が、家内安全・商売繁盛などを祈願し高崎だるまを買いに訪れます。

高島易断　たかしまえきだん

明治時代の実業家であり、易学者である高島呑象が著述した易学書です。あくまで「卦」についてまとめられた書籍のことであり、団体などの名称ではありません。

高島呑象　たかしまどんしょう

1832年（天保3年）生～1914年（大正3年）没。横浜の実業家で易断家。投獄された際、牢獄の中で一冊だけあった「易経」を隅々まで学び、獄中の仲間や役人を占い評判になりました。釈放後実業家をして成功し、横浜市の「高島町」は高島呑象先生の名をとってつけられたものです。「高島易断」という著書を残し、現在でも多くの易学者の教科書として用いられています。

多賀大社九月古例祭
たがたいしゃくがつこれいさい

毎年9月9日に、滋賀県犬上郡にある多賀大社で行われる祭りです。重陽の節句に斎行される祭りで、町内の青年2人による豊凶を占う「古知古《こちこ》知《ち》相撲」が執り行われます。

多賀大社古例大祭
たがたいしゃこれいたいさい

毎年4月22日に、滋賀県犬上郡にある多賀大社で行われる祭りです。「多賀まつり」あるいは騎馬多数の供奉が行われることから「馬まつり」とも呼ばれています。

多賀大社萬燈祭
たがたいしゃまんとうさい

毎年8月3日から5日まで、滋賀県犬上郡にある多賀大社で行われる祭りです。1万2千もの献灯が十数段に組まれ、高いポールに掲げられます。境内では猿楽や多賀音頭などが行われ、参拝客で賑わいます。

高輪泉岳寺義士祭
たかなわせんがくじぎしさい

毎年12月14日に、東京都港区にある泉岳寺で行われる行事です。赤穂義士の墓がある泉岳寺では、主君の仇であった吉良を討ち取ったこの日に供養を行います。また泉岳寺には高島呑象の墓もあります。

兌宮　だきゅう

方位盤において西方45度の一角のことで、庚・酉・辛に三等分してあります。

太宰府天満宮うそ替え・鬼すべ
ださいふてんまんぐううそかえ・おにすべ

毎年1月7日に、福岡県太宰府市にある太宰府天満宮で行われる神事です。「うそ替え神事」は、参加者が木彫りの鷽《うそ》を交換し一年間の幸福を祈念する特殊神事で、誰でも参加できます。「鬼すべ神事」は、その年の災難消除や開運招福を願い、地元氏子会が中心となって行われる勇壮な火祭りです。

山車　だし

祭礼などの時に、神輿とは別に、人形や花などで飾った、引いたり担いだりする屋台の総称です。

たつ

中段十二直の一つで、この日は建の意味から最吉日となります。神仏の祭祀、婚礼、開店、移転、柱立て、棟上げ、旅行、新事業開始には大吉です。ただし屋敷内の土を動かすこと、蔵の中から物を出し始めることは凶となります。

七夕祭り　たなばたまつり

7月7日の七夕を祀る日で、別に銀河祭り、星祭りなどともいいます。笹竹に願い事を書いた短冊をつるし祈る風習があります。

端午の節句　たんごのせっく

5月5日の節句で、別名菖蒲の節句ともいい、昔から邪気を除く為に菖蒲を軒にさしたり菖蒲湯に入ったりする習わしがあります。また男児のいる家では五月人形を飾り、鯉のぼりを立てるなどして、出世を祝います。現在5月5日はこどもの日として国民の祝日となっています。

血忌日　ちいみにち

下段の一つで「ちいみ」と表記され、殺伐の気を司るとされています。従って血を見ることに凶日で、はり、灸、狩猟に大凶とされ、また嫁入り、漁業などにも凶となります。

地火日　ちかにち

下段の一つで、ちかにち（地くわとも表記）、ちかび、じかにちとも呼び、天火日と同じ厄日で、動土、柱立て、建碑、樹木の植え替えは凶とされます。

地支　ちし

→十二支《じゅうにし》（P.40）

父の日　ちちのひ

6月の第三日曜日。日頃、一所懸命に働いている父親に尊敬と感謝を伝える日です。

千葉だらだら祭　ちばだらだらまつり

毎年8月16日から22日まで、千葉県千葉市にある千葉神社で行われる祭りです。妙見大《みょうけんたい》祭《さい》とも呼ばれ、初日にお神輿が神社を出て、御仮屋に1週間逗留し、最終日に再び神社へと戻ってきます。

チャグチャグ馬コ　ちゃぐちゃぐうまっこ

毎年6月の第二土曜日に、岩手県滝沢市の蒼前神社から盛岡市の八幡宮まで、13キロメートルの道のりを行進する祭りです。馬のあでやかな飾り付けとたくさんの鈴が特徴で、歩くたびにチャグチャグと鳴る鈴の音が名称の由来といわれています。

茶寿　ちゃじゅ

数え年108歳（満107歳）の長寿の祝いです。「茶」の字は、冠部分が「十」が2つと、脚が「八十八」に分けられ、これを足すと「百八」になることから、この名称になりました。

中段十二直　ちゅうだんじゅうにちょく

江戸時代にあった「かな暦」の中段に記され日々の吉凶を占ったことから、略して中段と呼ばれています。暦法・吉凶占いの一種です。

中伏　ちゅうふく

夏至後の第四の庚《かのえ》の日をいいます。種まき、婚礼、その他和合のことには用いない方がいいとされています。

張　ちょう

二十八宿の一つで、就職、見合い、神仏祈願、諸祝宴、和合ごとなど何事も良いとされます。

長寿の祝い　ちょうじゅのいわい

古くは中国から伝わったもので、満60歳の還暦から祝うのが一般的です。通常は数え年で行い、還暦以降は、数え年で70歳の古稀、77歳の喜寿、80歳の傘寿、88歳の米寿、90歳の卒寿、99歳の白寿、100歳の百寿の年にお祝いをすることが多くなっています。

調整運　ちょうせいうん

その年の九星気学に基づいた運勢の名称で、物事を冷静に判断し、調整すべきときです。運勢は、調整運↓強盛運↓嬉楽運↓改革運↓評価運↓停滞運↓整備運↓躍動運↓福徳運の順に巡ります。

勅祭　ちょくさい

天皇の使者（勅使）が派遣されて執行される神社の祭祀のことです。勅使派遣が定例になっている神社を勅祭社といいます。

貯蓄の日　ちょちくのひ

1952年（昭和27年）、日本銀行が勤労の収穫物であるお金を、無駄遣いせずに大切にしようという意味を込め、制定した記念日です。10月17日になったのは、伊勢神宮神嘗祭に由来しています。

追儺　ついな

悪鬼・疫癘《えきれい》を追い払う行事です。鎌倉末期まで、宮中において大晦日《おおみそか》に盛大に行われ、その後、諸国の社寺でも行われるようになりました。古く中国に始まり、日本へは文武天皇の頃に伝わったといいます。節分に除災招福のため豆をまく行事は、追儺の変形したものです。

戊　つちのえ

十干の一つで、五行では土、陰陽では陽の性質を持ちます。

己　つちのと

十干の一つで、五行では土、陰陽では陰の性質を持ちます。

己巳　つちのとみ

一般に巳待《みま》ちといわれて、弁財天の縁日に定められています。

梅雨　つゆ

夏至を中心とした約30日〜40日の雨季の期間のことです。

鶴岡化けもの祭　つるおかばけものまつり

毎年5月25日に、山形県鶴岡市にある鶴岡天満宮で行われる祭りです。総勢約2千5百人が鶴岡市内を巡り、編み笠姿の「化けもの」が無言で酒やジュースを振る舞う姿も見られます。

鶴岡八幡宮やぶさめ　つるおかはちまんぐうやぶさめ

毎年9月16日に、神奈川県鎌

倉市にある鶴岡八幡宮で行われる行事です。鎌倉武士の狩装束に身を包んだ射手が、馬で駆けながら馬場に配された3つの的を射抜く勇壮な神事です。

氐　てい

二十八宿の一つで、婚礼、開店、新規事業開始に吉です。ただし仕立物の着初めは凶となります。

停滞運　ていたいうん

その年の九星気学に基づいた運勢の名称で、不測の事態が多く、ついていないときです。運勢は、調整運↓強盛運↓嬉楽運↓改革運↓評価運↓停滞運↓整備運↓躍動運↓福徳運の順に巡ります。

鉄道の日　てつどうのひ

1872年（明治5年）旧暦9月12日（新暦10月14日）に、日本初の鉄道が新橋〜横浜間で開業したことを記念して、1922年（大正11年）に鉄道省が「鉄道記念日」としました。1994年（平成6年）、運輸省（現在の国土交通省）の発案により「鉄道の日」として改称されました。

鉄の記念日　てつのきねんび

1857年（安政4年）12月1日、岩手県釜石の製鉄所が、洋式高炉によって操業を始めました。鉄の近代的な生産が始められたこの日を記念して、日本鉄鋼連盟が1958年（昭和33年）に制定しました。鉄に関する展示会やイベントなどが行われます。

出羽三山松例祭　でわさんざんしょうれいさい

毎年大晦日に、山形県鶴岡市にある出羽三山神社で行われる祭りです。100日間参籠し精進潔斎した2人の山伏が、どちらが神意にかなったかを競い合う「験競《げんくら》べ」など様々な神事が行われます。

出羽三山花祭　でわさんざんはなまつり

毎年7月15日に、山形県鶴岡市にある出羽三山神社で行われる祭りです。神輿や稲の花に見立てた造花を飾った万燈などが鏡池の周りを一巡りし、参拝者はこの花を取ろうと奪い合います。

天一天上《てんいちてんじょう》

別名「天一神」ともいわれ、常に八方（東西南北とその四隅）を運行して人事の吉凶禍福を司り、悪い方角をふさいでこれを守る神とされています。天上より降りて八方を巡ってる間、その方向に向かってのお産や、談判、掛け合いごとをすることは慎むべきであるといわれていますが、天上に帰っている間を天一天上と称し、この期間は天一神の障りがないとされています。

天おん《てんおん》

下段の一つで、天恩日、天おんにちとも書きます。この日は、天が万物をあわれんで下界へ恩恵を下される日で、すべてに大吉となります。とくに屋根ふき、種まき、婚礼などに良く、たとえ小悪日なら重なっても天恩日の徳がまさって妨げなしとされます。

天火日《てんかにち》

下段の一つで、天くわとも書きます。天に火気がはなはだしいという意味で、この日に棟上げ、屋根ふきなどすると火災があるという日です。

天干《てんかん》

↓十干《じっかん》（P.38）

電気記念日《でんききねんび》

１８７８年（明治11年）３月25日、東京の虎ノ門で行われた中央電信局の開業パーティの席上、50個のアーク灯が点灯されました。この日本初の電灯の点灯を記念して、日本電気協会が１９２７年（昭和２年）に制定しました。

天赦日《てんしゃび》

「天しゃ」と表記され、この日は、１年の中で最上の大吉日とされています。ことに婚礼には最大吉日で、その他に開店、新規事業の開発、発明、研究結果の発表には最良の日とされています。

電信電話記念日《でんしんでんわきねんび》

１８６９年（明治２年）旧暦９月19日（新暦では10月23日）に、東京〜横浜間に日本で初の公衆電信線の架設工事が始められたことに由来します。１９５０年（昭和25年）に日本電信電話公社が制定しました。

天道《てんどう》
天地自然の順理に則した吉方で、旅行、移転、婚礼などに大吉の方位とされています。

天徳《てんとく》
火の神で陽神、万物生育に徳があり、慶福の方位とされています。

天皇誕生日《てんのうたんじょうび》
12月23日。天皇の誕生日を祝う国民の祝日です。今上天皇の誕生日です。

電波の日《でんぱのひ》
１９５０年（昭和25年）６月１日、電波法、放送法及び電波監理委員会設置法が施行されたことに因んでいます。それまで政府管轄だった電波利用が広く国民に開放されたことを記念したもので、電波利用に関する知識の普及・向上を目的としています。

斗《と》
二十八宿の一つで、土掘り事に大吉です。ただし倉庫の建造、新規事の開始は吉となります。

同会《どうかい》
方位盤において同じ方位に巡ることです。

東京消防出初式《とうきょうしょうぼうでぞめしき》
年の初めに東京消防庁の消防署員らが消防動作の型等を演習・披露する行事です。１６５９年（万治２年）１月４日に、旗本が率いる定火消が上野東照宮で1年の働きを誓ったことが由来とされています。

東京佃祭《とうきょうつくだまつり》
毎年8月6日と7日に、東京都中央区にある住吉神社で行われる例祭です。３年に一度本祭りが行われ、獅子頭の宮出しや八角神輿の宮出し、神輿を船に載せて氏子地域を廻る船渡御が行なわれます。

統計の日《とうけいのひ》
国民に統計の重要性を理解してもらおうと１９７３年（昭和48年）に政府が制定しまし

た。1870年（明治3年）に今の生産統計の起源となった「府県物産表」について太政官布告が交付されたのが、10月18日だったことに由来します。

冬至《とうじ》

二十四節気の一つで、新暦の12月22日頃になります。この日は1年で昼の長さが一番短く、夜が一番長くなる極点になります。そしてこの日から徐々に昼の時間が長くなります。

道成寺鐘供養《どうじょうじかねくよう》

毎年4月27日に、和歌山県日高郡にある道成寺で行われる行事です。能や歌舞伎、浄瑠璃の演目「安珍・清姫伝説」に登場する二人の冥福を祈るものです。

唐招提寺団扇まき《とうしょうだいじうちわまき》

毎年5月19日に、奈良県奈良市にある唐招提寺で行われる祭りです。舞楽が奉納された後、真言を記した諸願成就のうちわが鼓楼からまかれ、大勢の参拝者が競って奪い合います。

灯台記念日《とうだいきねんび》

1868年（明治元年）11月1日に日本初の洋式灯台である、観音埼灯台（神奈川県横須賀市）が起工された日を記念したものです。海上保安庁により1949年（昭和24年）に制定されました。

東大寺聖武祭《とうだいじしょうむさい》

毎年5月2日に、奈良県奈良市にある東大寺で行われる、聖武天皇の忌日に因む法要です。午前中は南大門の東の天皇殿で最勝十講の法要があり、午後からは大仏殿において式衆僧侶や稚児による行列と聖武天皇御忌法要が行われます。大仏殿前の鏡池では舞楽と慶讃能が奉納されます。

東大寺二月堂お水取り《とうだいじにがつどうおみずとり》

毎年3月12日の夕刻から、奈良県奈良市にある東大寺で行われる「修二会」の行事の一つです。信者が奉納した12本の大きな籠松明を修行僧たちが担ぎ、百余段の石段を駆け上がって二月堂の回廊で振り回します。深夜には、若狭井という井戸から観音様にお供えする「お香水」を汲み上げる儀式が行われます。

東大寺二月堂修二会《とうだいじにがつどうしゅにえ》

毎年3月1日から2週間にわたり、己の罪と穢れを懺悔し、五穀豊穣などを祈願する仏教行事です。752年（天平勝宝4年）に、東大寺の初代別当である良弁僧正の高弟、実忠和尚によって創始され、以降1250年以上続いています。

動物愛護週間《どうぶつあいごしゅうかん》

毎年9月20日から9月26日まで、国民の間に広く動物の愛護と適正な飼養についての関心と理解を深めるようにするため設けられました。

十日えびす《とおかえびす》

毎年1月10日に、商売繁盛の神様として信仰を集めているえびす様を祀る祭礼が行われます。兵庫県の西宮神社では、この日の午前6時に、福男を決める開門神事が行われ、外で待っていた参拝者は、一番福を目指して230メートル離れた本殿へ「走り参り」をします。

十日夜《とおかんや》

毎年旧暦10月10日に行われる収穫祭です。この日を十日夜と呼ぶのは関東地方北西部、甲信越にかけてで、各地方によって違う呼び名や習わしがあります。この日の晩にわら鉄砲を持った子供達が家々の地面を打ってまわります。また、大根畑に入ってはならないという禁忌や、案山子《かかし》を家に持ち帰り稲の収穫祭を行うところも少なくありません。

時の記念日《ときのきねんび》

1920年（大正9年）に東京天文台と生活改善同盟が制定したもので、その由来は「日本書紀」に671年4月25日（太陽暦では6月10日）に、漏刻《ろうこく》と呼ばれる水時計を新しい台に置き、鐘や鼓で人々に時刻を知らせたと記述されていることからです。

徳島阿波踊り《とくしまあわおどり》

毎年8月12日から15日まで、徳島県徳島市で行われる祭りです。三味線、太鼓、鉦《かね》、横笛などの「二拍子」の伴奏にのって踊り手の集団「連」が巡ります。

読書週間《どくしょしゅうかん》

毎年11月3日の「文化の日」を中心とした2週間で、10月27日から11月9日まで開催されます。1947年（昭和22年）「読書の力によって、平和な文化国家を作ろう」という決意のもとに開催された週間で、良書の推薦、読書感想文の指導、公共図書館などの見学が行われます。

とげぬき地蔵尊大祭《とげぬきじぞうそんたいさい》

毎年1月と5月と9月の24日に、東京都豊島区にある高岩寺で行われる祭りです。本堂で約20人の僧侶による大法要が行われ、参詣路に200もの露店が並び、10万人以上の参詣客で賑わいます。

土公神《どこうじん》

どくじんともいい、土の守護神で、土公神が回座する方位・場所の土を犯すと障りがあるとされています。四季により場所が異なり、春は竈《かまど》、夏は門戸、秋は井戸、冬は庭にとどまり、それぞれの築造、改修、井戸掘り、土木工事は凶といわれています。

年越し《としこし》

旧年から新年に移ることです。またはその変わり目の大晦日の夜のことです。

歳徳神《としとくじん》

歳徳神の在泊する方位を、俗に「あきの方」や「恵方《えほう》」といい、その一年の大吉方となります。この方位に、その人の本命星と相生する星が同会しているときは、なお一層の大吉方となります。家屋の建築、普請、造作、婚礼（嫁婿迎え）、移転、旅行、商取引をはじめ、その他何事をするにも吉方位とされていますが、月の凶神と同会するときは凶災を被ることがあるので注意を要します。

とづ

中段十二直の一つで、別名嘆《たん》星《せい》ともいい、諸事閉止する意味があり、金銭の収納、建墓、トイレ造りなどには吉日です。ただし、柱立て、婚礼、棟上げ、開店には凶となります。

都天殺　とてんさつ

五黄殺に次ぐ凶方とされ、この方位に向かって何事をするのも凶で、災害を被るといわれています。

富岡八幡宮祭　とみおかはちまんぐうさい

毎年8月15日を中心に、東京都江東区にある富岡八幡宮で行われる例祭です。3年に1度、八幡宮の御鳳輦《ごほうれん》が渡御を行う年は「本祭り」と呼ばれ、大小あわせて120数基の町神輿が担がれます。

都民の日　とみんのひ

1898年（明治31年）10月1日、東京市に一般市制が施行され、市役所が開設されたことに由来するもので、1952年（昭和27年）に制定されました。東京都内の公立小・中学校はお休みとなります。

友引　ともびき

六輝の一つで、午前中と夕刻と夜は相引きで勝負なしの日です。ただし昼（11時から13時）は吉慶事に用いて凶となります。しかも凶事に友を引くと伝えられ、葬儀を行うことは禁忌とされ火葬場は休みの場合が多いです。

土用　どよう

本来は二十四節気の立春、立夏、立秋、立冬前の約18日間をいい、1年に4回あります。しかし一般的に土用といわれているのは、夏の土用だけで、7月20日頃から立秋の前日までの期間です。土用に入る始めの日を土用入り、終わる日を土用明けといいます。この期間中に動土（土を動かすこと）や土木工事などに着手するのは大凶であり、壁を破ることさえ凶であるとされています。ただし土用の期間中でも「間日《まび》」は障りがないといわれています。

土用の丑《どようのうし》

夏の土用期間中の丑の日をいい、「う」の字のつくものを食べる習慣があります。うどん・梅干・鰻《うなぎ》など、地域によって様々ですが、いずれも夏バテを防ぐのが目的だと考えられます。中でも鰻を食べる習慣は一番有名です。

酉の市《とりのいち》

毎年11月の酉の日に、鷲《おおとり》（大鳥）明神で行われる祭りです。境内には市が立ち、農具の熊手が「福をかきこむ」、「福をとり（酉）こむ」と縁起を担いで売られます。お多福面や入舟、「八人の頭になる」という縁起から八ツ頭なども売られます。11月の初酉を一の酉、二番目を二の酉、三番目を三の酉といい、一の酉が最も重んじられます。また三の酉まである年は火事が多いという俗信もあります。

とる

中段十二直の一つで、この日は執り行うの意味があり、万物の活動育成を促す日とされています。神仏の祭祀、婚礼その他の祝い事、種まき、井戸掘り、建築などには吉です。ただし、金銭の出し入れ、財産整理には凶となります。

どんど焼き《どんどやき》

左義長《さぎちょう》ともいい、1月14日の夜、もしくは15日の朝に火を焚きはじめ、立ち上る火の中に正月飾りや書き初めなどをくべて燃やし、無病息災や五穀豊穣を祈る行事です。その火で焼いた餅を食べると、その年の厄から逃れることができるといわれています。

◎な行◎

長崎くんち《ながさきくんち》

毎年10月7日から9日まで、長崎県長崎市にある諏訪神社で行われる祭りです。短い踊りやお囃子を玄関先や店先、門前等で演じる庭先回りや、神輿のお下り、傘鉾パレードが行われます。

長崎原爆の日《ながさきげんばくのひ》

1945年（昭和20年）8月

9日午前11時2分、アメリカ軍のB29爆撃機ボックスカー号により原子爆弾が投下され、約7万人もの生命が奪われました。

長月　ながつき

9月の異称で、日の暮れがだんだん早くなり、秋が深まる頃です。夜がだんだん長くなる「夜長月《よながつき》」や、秋雨が多く降る時季であるためにつけられた「長雨月《ながめつき》」などが略されたといわれます。

長良川鵜飼開き　ながらがわうかいびらき

毎年5月11日から、岐阜県の長良川で鵜飼が始まります。5月11日には、鵜飼安全祈願祭や各種イベントのほか、花火も打ち上げられます。この日から10月15日まで、中秋の名月と増水時を除く毎夜、長良川は幻想的な世界に包まれます。

夏越祭　なごしのまつり

毎年6月30日に行われる大祓《おおはらえ》の行事のことです。名越祓《なごしのはらえ》、水無月《みなづき》の大祓などともいわれます。神社では、鳥居の下や拝殿の前に茅を束ねて大きな輪にした「茅の輪《ちわ》」を置き、その中をくぐると身が清められるとされています。

納音　なっちん

十干と十二支を重ね合わせた六十干支に五行を配したものです。

七尾青柏祭　ななおせいはくさい

毎年5月3日から5日まで、石川県七尾市にある大地主神社の祭りです。高さ12メートル、重さ20トンの日本一大きな山車「でか山」3台が町内を曳き回されます。訪れた人も山車を曳くことができる参加型の祭りです。

七草　ななくさ

毎年1月7日に行われる行事で、「人日の節句」あるいは「七草の節句」ともいい、五節句の一つです。この日は、万病を除け、邪気を払うとされる七種類の野菜や雑草を入れた「七草粥」を食べて、1年間の無病息災を祈る習慣があります。

成田不動尊祇園会
なりたふどうそんぎおんえ

毎年7月7日から9日までの3日間、千葉県成田市にある成田山新勝寺で行われる行事です。期間中に限り、大日如来が奉安されている奥之院が開扉されます。また、山車や屋台が巡行する祇園祭は、7月7日から9日に一番近い金曜日から日曜日まで行われます。

なる

中段十二直の一つで、この日は物事の成就する意味があり、建築、開店、種まき、その他新たに事を始めるのに吉日となります。ただし、訴訟、談判などには凶となります。

新潟祭
にいがたまつり

毎年8月3日以降の金曜日から日曜日まで、新潟県新潟市で行われる祭りです。揃いの浴衣を着た1万3千人の踊り手が巡る大民謡流しや、古式ゆかしい衣装を身にまとい、1キロメートルにも及ぶ行列で市内を巡る住吉行列など様々な行事が行われます。

新居浜太鼓祭
にいはまたいこまつり

毎年10月16日から18日まで、愛媛県新居浜市で行われる祭りです。重さ約3トン、高さ5.5メートル、長さ12メートルという巨大な太鼓台が市内を巡ります。

西本願寺報恩講
にしほんがんじほうおんこう

毎年1月9日から16日まで、京都府京都市にある西本願寺で、親鸞聖人の祥月《しょうつき》命日を縁に1週間営まれる本願寺最大の年中行事です。期間中、全国から僧侶・門信徒が多数参拝します。東本願寺では11月21日から28日まで行われます。

二十四山
にじゅうしざん

方位盤の八方位には、毎年、または毎月回座《かいざ》する九星が配置してあります。この各一角ずつをさらに三山《さんざん》に分割したものをいいます。

二十四節気
にじゅうしせっき

陰暦（太陰暦）では日付が太陽の位置と無関係にあったの

で、春夏秋冬の循環による暖・暑・涼・寒の往来のずれが生じていました。これを補うために用いられた季節区分法で、1年を約15日ごとに24期に分け、1年の気候の推移をわかる様にしたものです。

二十八宿《にじゅうはっしゅく》

天の赤道帯に沿って天球を28区分し、ここにその各々を司る星宿《せいしゅく》が並んでいるとして、天空上を東は青龍《せいりゅう》、北は玄《げん》武《ぶ》、西は白虎《びゃっこ》、南は朱雀《すざく》の四宮とし、さらにこの四宮を7分して星宿を配したものです。

日光東照宮秋祭《にっこうとうしょうぐうあきまつり》

毎年10月16日と17日に、栃木県日光市にある日光東照宮で行われる祭りです。神事流鏑馬《やぶさめ》や百物揃《ひゃくものぞろい》千人武者行列が行われ、毎年多くの参拝客で賑わいます。

日光東照宮春季例大祭《にっこうとうしょうぐうしゅんきれいたいさい》

毎年5月17日と18日に、栃木県日光市にある日光東照宮で行われる祭りです。神事流鏑馬《やぶさめ》や百物揃《ひゃくものぞろい》千人武者行列が行われ、毎年多くの参拝客で賑わいます。

日光輪王寺強飯式《にっこうりんのうじごうはんしき》

毎年4月2日に、栃木県日光市にある輪王寺で行われる儀式です。強飯頂戴人《ちょうだいにん》として儀式に参加したり、御札を授かると、多くの御利益が得られるといわれます。「三天合行供」と「採灯大護摩供」という日光山伝統の秘法が、儀式に先立ち執り行われ、「この秘法を受けた者は、七難即滅・七福即生の現世利益疑いなし」と語り継がれています。

二の午《にのうま》

2月の2回目の午の日のことで、一般的には各地の稲荷神社の縁日としてお祭りが行われます。

二の酉《にのとり》

↓酉《とり》の市《いち》(P.66)

二百十日《にひゃくとおか》

立春から数えて210日目のことで、新暦では9月1日頃になります。古来、この日に暴風雨に悩まされるといわれています。実際にこの日以降、台風襲来の季節となっていることは気象科学上からも立証されています。

二百二十日　にひゃくはつか

立春から数えて220日目のことで、新暦では9月11日頃になります。二百十日と同じ意味で農家の厄日とされています。

日本橋べったら市　にほんばしべったらいち

毎年10月19日と20日に、東京都中央区にある宝田恵比寿神社とその周辺で行われる市です。べったら漬けの露店が数多く並び、19日には神輿も出て、多くの人で賑わいます。

入梅　にゅうばい

梅雨の期間に入った最初の日をいいます。6月11日頃になりますが、天候の実際の経過からみると必ずこの日から梅雨入りするとは限りません。

ねはん会　ねはんえ

毎年2月15日に、各寺院で行われる法要です。旧暦の2月15日は釈迦が入滅した日とされています。わが国では推古天皇の時に、奈良の元興寺で行われたのが初めといわれています。

ねぶた祭り　ねぶたまつり

毎年8月2日から7日まで、青森県青森市で行われる祭りです。巨大な像の載った山車《ねぶた》が市内の大通りを巡り、期間中300万もの観光客で賑わいます。

年賀　ねんが

年が明けたことをお祝いすることや、そのための贈答品のことです。

年賀郵便特別扱い　ねんがゆうびんとくべつあつかい

全国の郵便局では、12月15日から年賀はがきの特別扱いを開始します。この日から12月25日までに受け付けた年賀はがきは、翌年の1月1日（元日）に配達されます。

年忌　ねんき

死後、毎年巡りくる祥月命《しょうつきめい》日《にち》、また、その日に行う法要をいい、その数をかぞえるのにも用います。

のぞく

中段十二直の一つで、この日は除くの意味から不浄をはらい、百凶を除き去ります。したがって医師にかかり始め、種まき、井戸掘りなどは吉となります。ただし、婚礼、屋敷内の土を動かすことは良くないとされています。

◎は行◎

博多祇園山笠《はかたぎおんやまかさ》

毎年7月1日から15日まで、福岡県福岡市で行われる祭りです。飾り山笠が街中で一般公開され、最終日には櫛田神社境内や沿道を大勢の観客が埋め尽くす中、舁き山笠七流が博多の街約5キロメートルを駆けぬけます。

博多どんたく《はかたどんたく》

毎年5月3日と4日に、福岡県福岡市で行われる祭りです。老若男女が思い思いの仮装でシャモジを叩いて町を巡り、町に作られた舞台、広場で踊りを披露し、町中がどんたく一色で湧き返ります。祭の期間中、約200万もの見物客で賑わいます。

白寿《はくじゅ》

数え年99歳（満98歳）の長寿の祝いです。「百」の字から、一画目の「一」を取ると「白」になる所から、この名称になりました。

白露《はくろ》

二十四節気の一つで、新暦の9月8日頃になり、秋分前の15日目に当たります。白露は「しらつゆ」の意味で、秋季も本格的に加わり、野草に宿るしらつゆが秋の趣を感じさせます。

破軍星《はぐんせい》

北斗七星の柄の先端の星の別名です。陰陽道では剣先に見たてこの星の指す方向を凶として忌みました。破軍星を背にして戦えば必ず勝つといわれています。

八十八夜《はちじゅうはちや》

立春から数えて88日目に当たり、5月2日頃になります。この88日目の終わりを「春霜の終わり」としていて、古くから農家では「八十八夜の別れ霜」といい、この日以降は霜害がなくなるとして、種まきの最適期の基準にしています。

八戸えんぶり　はちのへえんぶり

毎年2月17日から20日まで、青森県八戸市で行われる祭りです。その年の豊作を祈願するための舞で、太夫と呼ばれる舞手が馬の頭を象った華やかな烏帽子を被り、頭を大きく振る独特の舞が特徴です。

初亥　はつい

1月最初の亥の日のことで、各地の摩利支天では参拝者で賑わいをみせます。

初卯　はつう

1月最初の卯の日のことで、「卯《う》の札」という神符や「卯杖《づえ》」を受ける習わしがあります。京都府の賀茂神社、東京都の亀戸天神社境内の御嶽神社が有名です。

初午　はつうま

2月最初の午の日のことで、一般的には各地の稲荷神社の初縁日として祭りが行われます。

二十日正月　はつかしょうがつ

1月20日に行われる行事で、正月や小正月の終わりの節日を二十日正月といいます。正月のお供え物や飾り物などをすべて片付け、この日で正月の行事のすべてを終えます。

初観音　はつかんのん

1月18日に行われる観音様の初縁日のことです。各地の観音様は参拝者で賑わいます。

葉月　はづき

8月の異称で、旧暦では落葉が始まる秋の訪れの頃。木の葉が落ちる「葉落月《はおちづき》」からこの名称が使われるようになったとする説や、北方から初めて雁が来る頃なので、「初来《はつき》月《づき》」などが変化したものという説もあります。

初金毘羅　はつこんぴら

1月10日に行われる金毘羅様の初縁日のことです。各地の金毘羅宮は海上安全などを祈願する参拝者で賑わいます。

八朔　はっさく

8月朔日《ついたち》を略して八朔としたものです。稲の実入りを前に、新穀の豊熟を田の神様に祈願する日でした。

初地蔵　はつじぞう

1月24日に行われる地蔵菩薩の初縁日のことです。各地の地蔵菩薩は郷土色豊かな祭りで賑わいます。

八将神　はっしょうじん

凶神の代表的存在で、太歳《たいさい》神《じん》、大将軍《だいしょうぐん》、太陰神《だいおんじん》、歳刑《さいぎょう》神《じん》、歳破神《さいはじん》、歳殺神《さいせつじん》、黄幡《おうばん》神《じん》、豹尾神《ひょうびじん》の八神をいいます。

初水天宮　はつすいてんぐう

1月5日に行われる、水天宮の初縁日のことです。各地の水天宮はひとしお賑わいを見せます。

初節句　はつせっく

赤ちゃんの初めての節句で、男の子は5月5日、女の子は3月3日の節句の日にお祝いをします。生まれてすぐなどの場合は翌年でもかまいません。

八専　はっせん

壬子《みづのえね》の日から癸亥《みづのとゐ》の日までの12日間のうち、癸丑《みづのとうし》、丙辰《ひのえたつ》、戊午《つちのえうま》、壬戌《みづのえいぬ》の4日を間日《まび》として除いた8日間をいいます。この期間は、仏事、供養などの法事、破壊的な物事(造作など)の着手、嫁取りなどに悪い日とし、凶日とされています。

初大師　はつだいし

弘法大師の忌日は835年(承和2年)3月21日でした。新年最初の21日を初大師といい、真言宗各寺院の大師堂は参拝者で賑わいます。初大師は前日20日の晩と21日の早朝に勤行《ごんぎょう》が行われるために、本堂でお籠りをする参拝者も数多くいます。

初誕生日　はつたんじょうび

赤ちゃんの初めての誕生日で、「立ち餅」や「力餅」といわれるお餅をついて、赤ちゃんに背負わせます。

初天神　はつてんじん

1月25日に行われる天神講のことで、各地の天満宮ではそれぞれの行事があり、参拝者で賑わいます。

初寅　はつとら

1月最初の寅の日のことで、毘沙門天の初縁日として、毘沙門天信仰者には重んじられています。

初荷　はつに

正月の商い初めの商品を、問屋や商店などが、美しく飾った車や馬で取引先に送り出すことです。かつては1月２日に行われていました。

初子　はつね

1月最初の子の日のことで、平安時代あたりから朝廷ではこの日に「子の日の宴」を張って永久の繁栄を祝い宴遊したと伝えられています。

初不動　はつふどう

1月28日に行われる不動尊の初縁日のことで、多くの参拝者で賑わいます。

初巳　はつみ

1月最初の巳の日のことで、弁財天の初縁日として、各地の弁財天では巳成金《みなるきん》という開運のお守を出すところもあり、参拝者で賑わいます。

発明の日　はつめいのひ

現在の特許法の元となる「専売特許条例」が１８８５年（明治18年）４月18日に交付されたことから、１９５４年（昭和29年）に制定されました。

初詣　はつもうで

年が明けてから初めて神社や寺院などに参拝する行事です。一年の感謝を捧げたり、新年の無事と平安を祈願したりします。

初薬師　はつやくし

1月８日に行われる、薬師如来の初縁日のことです。各地の薬師様は参拝者で賑わいます。

初夢　はつゆめ

一般的には元日から２日の朝方にかけて見る夢のことで、一年の運勢を判断しようとする風習です。縁起が良い夢として「一富士、二鷹、三茄子」が有名です。

歯と口の健康週間　はとくちのけんこうしゅうかん

毎年６月４日から６月10日までの1週間、厚生省（現在の厚生労働省）、文部省（現在の文部科学省）、日本歯科医師会が１９５８年（昭和33年）から実施している週間です。歯と口の健康に関する正しい知識を国民に対して普及啓発するとともに、歯科疾患の予防に関する適切な習慣の定着を図り、併せてその早期発見及び早期治療を徹底することにより歯の寿命を延ばし、国民の健康の保持増進に寄与することを目的としています。

鼻の日　はなのひ

8月7日の語呂合わせから生まれた記念日で、日本耳鼻咽喉科学会が1961年（昭和36年）に制定しました。各地で専門医による鼻の病気の説明会などが催されます。

花まつり　はなまつり

毎年4月8日に、寺院にて仏教の始祖であるお釈迦様の生誕を祝います。正式には「灌仏会《かんぶつえ》」、「仏生会《ぶっしょうえ》」といいます。参拝者は誕生仏の頭上から柄杓で甘茶や五色の香水を注いで、無病息災を祈り、参拝者には甘茶が振る舞われます。甘茶で習字をすると字が上達するといわれたり、甘茶で害虫除けのまじないを作ったりすることもあるようです。

母の日　ははのひ

毎年5月第二日曜日です。母への感謝の気持ちを表して、カーネーションやプレゼントを贈ります。かつての日本では、昭和天皇の皇后（香淳皇后）の誕生日3月6日でした。

腹帯　はらおび

妊娠5か月頃に妊婦がお腹に巻くもので、帯祝いをする風習があります。お腹の保温に役立ち、赤ちゃんの位置を安定させる役目があるといわれています。

針供養　はりくよう

2月8日と12月8日に、裁縫の上達とケガをしないことを願い、古くなったり、折れたりした針を、豆腐やこんにゃくなどに刺して、神棚に供えたり、川に流したりする行事です。

春の全国火災予防運動　はるのぜんこくかさいよぼううんどう

毎年3月1日から3月7日ま

で行われる日本の啓発活動で、火災予防思想の普及を図り、火災の発生を防止することを目的としています。実施期間は何度か変更されましたが、１９８９年（平成元年）からは、「消防記念日を最終日とする一週間」とされています。

春の全国交通安全運動《はるのぜんこくこうつうあんぜんうんどう》

広く国民に交通安全思想の普及・浸透を図り、交通ルールの遵守と正しい交通マナーの実践を習慣付けるとともに、国民自身による道路交通環境の改善に向けた取組を推進することにより、交通事故防止の徹底を図ることを目的としています。毎年4月6日から4月15日まで実施され、4年に一度の統一地方選挙の際は5月11日から5月20日に変更されます。

春の七草《はるのななくさ》

せり（芹）、なずな（ペノペングサ）、ごぎょう（ハハコグサ）、はこべら（ハコベ）、ほとけのざ（コオニタビラコ）、すずな（カブ）、すずしろ（ダイコン）。1月7日の人日（七草）の節句で「七草粥」に入れます。

ハロウィン

ヨーロッパを起源とするケルト人が行っていた収穫感謝祭が形を変えた民俗行事です。アメリカなどでは、10月31日に、子供たちが魔女や精霊の仮装をして家々を回り、お菓子をもらう習慣があります。日本では秋に開かれるイベントの一つとされ、ハロウィンが近づくと、ハロウィンに因んだお菓子や小物などが店頭に並びます。当日、仮装をしてパレードを楽しむ若者が増えています。

半夏生《はんげしょう》

雑節の一つで夏至から10日〜11日目の7月2日頃になります。半夏（烏柄杓）という薬草が生える時期にあたります。

尾《び》

二十八宿の一つで、婚礼、開店、移転、新規事業の開始は吉です。ただし仕立物の着初めは凶となります。

柊挿し ひいらぎさし

節分の日に、鬼の侵入を防ぐために、焼いた鰯の頭を柊の枝に刺し、門口や家の軒下につるす魔除けのおまじないです。鰯の悪臭は鬼（厄）が嫌うといわれ、トゲのある柊には鬼を寄せ付けないという意味があります。

日枝神社山王祭 ひえじんじゃさんのうまつり

2年に一度（偶数年）の6月7日から17日まで、東京都千代田区にある日枝神社で行われる祭りです。20以上の諸祭典の総称で、皇居を巡幸する日本唯一の祭りです。

東本願寺報恩講 ひがしほんがんじほうおんこう

毎年11月21日から28日まで、京都府京都市の東本願寺で、親鸞聖人の祥月《しょうつき》命日を縁に1週間営まれる本願寺最大の年中行事です。期間中、全国から僧侶・門信徒が多数参拝します。西本願寺では1月9日から16日まで行われます。

彼岸 ひがん

春分・秋分の前後7日間をいい、彼岸入りから4日目を彼岸の中日《ちゅうにち》（春分の日、秋分の日）といいます。先祖の霊を供養し、墓参りなどが行われますが、本来は7日間にわたって行われる法会（彼岸会）の事をいいます。

畢 ひつ

二十八宿の一つで、神仏の祭祀、婚礼、屋根ふき、棟上げ、取引開始すべて吉です。

ひな祭 ひなまつり

3月3日の節句を雛祭り、雛節句、桃の節句、上巳《じょうし》の節句などといいます。この節句は雛人形を飾り、菱餅や白酒、桃の花などを供えて女児の成長を祝う祭りです。

丙 ひのえ

十干の一つで、五行では火、陰陽では陽の性質を持ちます。

丁 ひのと

十干の一つで、五行では火、陰陽では陰の性質を持ちます。

姫金神 ひめこんじん

金気盛んで、殺気旺盛の神とされ、この方位に向かい普請、造作、動土、移転などを行うと病災、盗難、その他、人命にかかわる災害もありうるとし、避けた方が良いとされています。

119番の日 ひゃくじゅうきゅうばんのひ

1987年（昭和62年）に、119番のダイヤルナンバーに因んで、消防庁が自治体消防発足40年を記念して11月9日に設けました。防火・防災の意識を高めてもらうことが目的となっています。

百事よし ひゃくじよし

下段の一つで、百事吉《ひゃくじきち》、万《よろづ》よしなどともいいます。大吉日で、他の凶日と重なっても、まったく忌む必要はなく、全ての行事、冠婚葬祭、普請造作に用いて良い日としています。

110番の日 ひゃくとおばんのひ

1985年（昭和60年）12月に警察庁が記念日に制定し、1986年から実施されています。110番を日付にすると1月10日になることからこの日に設けられました。110番通報の大切さとその適切な利用をアピールするものです。

白虎 びゃっこ

白虎は姫金神と同格の凶方で、非常に殺伐の気が盛んとされ、この方位に向かい普請、動土は慎むほうがよいとされます。

評価運 ひょうかうん

その年の九星気学に基づいた運勢の名称で、努力の花が咲くが、後半不安定なときです。運勢は、調整運→強盛運→嬉楽運→改革運→評価運→停滞運→整備運→躍動運→福徳運の順に巡ります。

豹尾神 ひょうびじん

計都星《けいとせい》の精で不浄を嫌うとされ、この方角に向かって大小便をしたり、その方角から牛馬をもらったり買ったりすることなどは禁忌とされています。

病符 びょうふ

太歳の巡ったあとで、この方

位に向かって新規に事を始めると病災を被ります。

日吉大社山王祭《ひよしたいしゃさんのうさい》

毎年4月12日から15日まで、滋賀県大津市にある日吉大社で行われる祭りです。7基の神輿（1基1.5トン）が登場し勇壮な神事が行われます。14日の例祭には、比叡山延暦寺より天台座主が参拝され、ご神前に五色の奉幣、般若心経の読経を奉納されるという、文化的にも非常に貴重な神事です。

ひらく

中段十二直の一つで、険を開き通じる意味があり、神使天険を開通する日とされます。

従って建築、移転、婚礼、開店などに吉とされます。ただし、葬儀など不浄の事には凶です。

広島とうかさん大祭《ひろしまとうかさんたいさい》

毎年6月の第一金曜日から日曜日まで、広島県広島市にある圓隆寺で行われる、総鎮守である稲荷大明神の祭りです。祭り期間中、中央通りが歩行者天国となり、数多くの露店が並び、毎年45万もの人で賑わいます。

広島平和記念日《ひろしまへいわきねんび》

1945年（昭和20年）8月6日午前8時15分、アメリカ軍のB29爆撃機エノラ・ゲイ号によって、原子爆弾が広島に投下され、一瞬にして約14万人もの生命が奪われました。この歴史的悲劇から人類は目をそむけることなく、犠牲となった多くの人々の霊を慰め、世界平和を祈る日として広島市では「平和記念日」としています。

比和《ひわ》

五行同士の関係性の中で、同一五行になる関係のことをいいます。木と木、火と火、土と土、金と金、水と水の組み合わせで比和の関係は中吉となります。

ふいご祭《ふいごまつり》

主に11月8日に、鍛冶屋や鋳物師など「ふいご」を使って仕事をする職人が稲荷神などを祀り、ふいごを清め祝う行事です。

福徳運《ふくとくうん》

その年の九星気学に基づいた運勢の名称で、誠意と熱心さで万事が好調なときです。運勢は、調整運↓強盛運↓嬉楽運↓改革運↓評価運↓停滞運↓整備運↓躍動運↓福徳運の順に巡ります。

福徳神《ふくとくじん》

普請、造作、動土などについての守護を司る神です。

復日《ぶくび》

下段の一つで「ぶく日」と表記され、重日《じゅうにち》と同じ意味があります。吉事を行えば吉事が重なり、凶事なら凶事が重なるというわけで婚礼や葬式には良くないとされています。

富士山開き《ふじさんびらき》

7月1日は霊峰富士の山開きとなります。一般の登山者のほか、全国各地から金剛杖を持った白装束姿の行者が集まり、「六根清浄《ろっこんしょうじょう》」と唱えながら登り始めます。

伏見稲荷還幸祭《ふしみいなりかんこうさい》

毎年5月3日に、京都府京都市にある伏見稲荷大社で行われる祭りです。東寺の僧侶による「神供」を受けた後、供奉列奉賛列を従えた5基の神輿が氏子区域を巡行します。

伏見稲荷神幸祭《ふしみいなりしんこうさい》

毎年4月20日に一番近い日曜日に、京都府京都市にある伏見稲荷大社で行われる祭りです。稲荷大神が年に一度氏子区域を巡幸する、伏見稲荷大社最重要の祭儀です。

伏見稲荷初午祭《ふしみいなりはつうまさい》

毎年初午の日に、京都府京都市にある伏見稲荷大社で行われる祭りです。稲荷大神が稲荷山の三ヶ峰に初めてご鎮座になった1711年（和銅4年）2月の初午の日をしのび、大神の広大無辺なるご神威を仰ぎ奉るものです。

伏見稲荷火焚祭《ふしみいなりひたきさい》

毎年11月8日に、京都府京都

市にある伏見稲荷神社で行われる祭りです。全国の信者から奉納された数十万本の火焚串と稲穂が、神苑斎場に設けられた3基の火床で焚き上げられます。

不成就日　ふじょうじゅび

この日は、何事をやっても悪い結果を招く凶日とされています。したがってこの日は、何事をするにも避けなければならない日とされています。

不浄物　ふじょうぶつ

穢れた汚物などを指し、トイレや排水溝、ごみ置き場などをいいます。

富士吉田火祭　ふじよしだひまつり

毎年8月26日と27日に、山梨県富士吉田市にある北口本宮冨士浅間神社と諏訪神社の両社の祭りです。富士山のお山じまいの祭りでもあり、26日の鎮火祭では高さ3メートルの筍《たけのこ》形にしつらえた70本以上の大松明に一斉に火が灯されます。

普請　ふしん

土木、建築工事のことをいいます。

二日灸　ふつかきゅう

旧暦2月と8月の2日にお灸をすえる風習をいいます。この日にお灸をすえると、普段のお灸の倍の効能があり、また年中無病息災で過ごすことができるといわれています。

復活祭　ふっかつさい

春分の日以降、最初の満月の次の日曜日で、イースターともいわれます。キリスト教では大切な祭りの一つで、イエス・キリストの復活を祝うキリスト教の最も重要な祭日です。復活祭は春の自然の蘇りを祝う日でもあります。

仏滅　ぶつめつ

六輝の一つで、何事においても用いてはならない日とされ、とくに開店、移転など、新規に事を起こすことは避けなければいけないとされています。

文月　ふみづき

7月の異称で、旧暦では稲穂が出る頃で、「穂見《ほみ》」や「含《ふく》み」に由来し、稲穂の膨らみを見る月であるため、「穂含《ほふみ》月《づき》」から転じたといわれます。また、七夕の短冊に願いを書いたことから「文」の字をあてたこともいわれます。

文化財防火デー　ぶんかざいぼうかでー

1949年（昭和24年）1月26日、法隆寺の金堂から出火し、貴重な壁画などを焼失したことから、その反省の意味を込め、各地の文化財を火から守る日として、文化財保護委員会（現在の文化庁）と国家消防本部（現在の消防庁）が1955年（昭和30年）に制定したものです。毎年この日には全国各地で防火訓練などが行われています。

文化の日　ぶんかのひ

11月3日。「自由と平和を愛し、文化をすすめる」国民の祝日です。戦前の四大節《しだいせつ》の一つで、明治天皇の誕生日です。

平安神宮時代祭　へいあんじんぐうじだいまつり

毎年10月22日に、京都府京都市にある平安神宮で行われる祭りです。明治、江戸、安土桃山、室町、吉野、鎌倉、藤原、延暦の8つの時代をさかのぼり、20に分けられた行列が一列ずつ巡ります。

米国独立記念日　べいこくどくりつきねんび

1776年（安永4年）7月4日、アメリカ独立宣言が交付されたことを記念して定められているアメリカ合衆国の祝日です。

米寿　べいじゅ

数え年88歳（満87歳）の長寿の祝いです。「米」の字をばらばらにすると八十八となる所から、この名称になりました。「米《よね》の祝い」などともいわれます。

壁　へき

二十八宿の一つで、新規事の開始、旅立ち、婚礼は大吉です。ただし南へ行くのは凶となります。

望　ぼう

満月のことで、月は夕方、東からまんまるな姿を見せ、一晩中そのあでやかさを輝かせます。

房《ぼう》

二十八宿の一つで、婚礼、旅行、移転、柱立て、棟上げなど新規事開始は吉です。

昴《ぼう》

二十八宿の一つで、神仏詣り、祝い事、家畜購入、新規事開始は吉です。造改修は凶となります。

方位盤《ほういばん》

暦に掲載している八角形の方位盤は主に運勢を判断したり家相を調べるときの盤で、円周360度を各45度に8等分してあります。そして東・西・南・北の四正と、艮《ごん》・巽《そん》・坤《こん》・乾《けん》の四隅をそれぞれ配置して、八方位に分けています。暦の方位盤は南が上部になっているのが特徴です。

法会《ほうえ》

仏教において、人々を集めて仏の道を説教したり、死者の追善や供養を行うことをいいます。

貿易記念日《ぼうえききねんび》

１８５９年（安政6年）5月28日（新暦6月28日）に、江戸幕府がロシア・イギリス・フランス・オランダ・アメリカの5か国に、横浜・長崎・箱館（函館）での自由貿易を許可する布告を出しました。１９６３年（昭和38年）に通商産業省（現在の経済産業省）により制定されました。

防災とボランティアの日《ぼうさいとぼらんてぃあのひ》

１９９５年（平成7年）1月17日に発生した、阪神・淡路大震災に由来し、閣議で制定された日です。阪神・淡路大震災では、ボランティア活動が大きな力となったことから、災害への備えとともにボランティアの大切さを認識する日とされています。

防災の日《ぼうさいのひ》

１９２３年（大正12年）9月1日午前11時58分、関東大震災が発生しました。この日を忘れることなく災害に備えようと、また台風の被害の多い時期であることから、１９６０年（昭和35年）から制定されました。

芒種《ぼうしゅ》

二十四節気の一つで、新暦の6月5日頃になります。五月雨が絶え間なく降る中で、農家はことのほか多忙をきわめます。

法の日《ほうのひ》

1928年（昭和3年）10月1日、陪審法が施行されたことが由来で、最高裁判所、最高検察庁、日本弁護士連合会（日弁連）の進言により法務省が1960年（昭和35年）に制定しました。

法隆寺会式《ほうりゅうじえしき》

毎年3月22日に、奈良県生駒郡にある法隆寺で行われる法要です。聖徳太子の命日にその遺徳をたたえ、供養する法要です。10年に一度大講堂で行われる聖霊会を「大会式」とよび、毎年行われる聖霊院の法要を「小会式」と呼んでいます。

母倉日《ぼそうにち》

下段の一つで、天が万物をあわれむこと母が子を思うような日です。天が万物を育成する意味を持ち、とくに普請、開業、婚礼などに吉日とされます。ただし2月の亥の日は重日《ぢうび》と重なるので、仏事は避けた方がよいとしています。

北海道一般鳥獣狩猟解禁《ほっかいどういっぱんちょうじゅうしゅりょうかいきん》

北海道では毎年10月1日から翌年1月31日まで、「狩猟法」に基づき、鳥獣の狩猟が解禁されます。

北海道神宮祭《ほっかいどうじんぐうさい》

毎年6月14日から16日まで、北海道札幌市にある北海道神宮で行われる祭りです。平安時代の絵巻物を彷彿させる色とりどりの衣装をまとった千人以上の市民が、北海道神宮の神様をのせた4基の神輿を中心に8基の山車と一緒に市内を巡ります。

北方領土の日《ほっぽうりょうどのひ》

1981年（昭和56年）に閣議決定された日ですが、その由来は1855年2月7日、日露和親条約が締結され、北方四島が日本固有の領土として認められたことからです。

各地で北方領土返還のための運動が行われます。

盆 ぼん

→盂蘭盆《うらぼん》（P. 9）

本州・四国・九州一般鳥獣狩猟解禁 ほんしゅう・しこく・きゅうしゅういっぱんちょうじゅうしゅりょうかいきん

本州・四国・九州では毎年11月15日から翌年2月15日まで、「狩猟法」に基づき、鳥獣の狩猟が解禁されます。

本命殺 ほんめいさつ

この凶方は年でも月でも、本人の本命星が在泊している方位のことで、この方位に向かって普請、造作、修理、屋敷内の動土、伐木、樹木の植替え、移転、旅行、婚礼（嫁婿迎え）などを行うと、必ずなんらかの形で災害を被るとされています。また一説にはこの方位を犯せば健康に影響が出るともいわれます。

本命星 ほんめいせい

本人の生まれた年の九星をいい、本命星によって運勢を判断します。ただし暦上における1年は、その年の立春から翌年2月節分までとなりますので、1月1日から2月節分までに生まれた人は、その前年に生まれた人と同じ本命星となります。

本命的殺 ほんめいてきさつ

本命星が在泊する正反対の方位をいい、この方位を犯すと本命殺の場合と同様の災害を被るといわれています。この方位に相剋の星が在泊していればその災害はさらに重く、逆に相生の星が回っていれば、災害は比較的軽く出るといわれています。

◎ま行◎

松尾大社御田祭 まつおたいしゃおんたさい

毎年7月の第三日曜日に、京都府京都市にある松尾大社で行われる祭りです。氏子地区から、植女《うえめ》選び、早苗・中苗・晩苗を持って、壮夫の肩に乗り拝殿を3周します。

松尾大社還幸祭 まつおたいしゃかんこうさい

松尾大社神幸祭の3週間後に、京都府京都市にある松尾大社で行われる祭りです。三御旅所に駐輦《ちゅうれん》された唐櫃《からびつ》と6基の神輿が松尾大社に戻られる祭りです。

松尾大社上卯大祭
まつおたいしゃじょううたいさい

毎年11月の最初の卯の日に、京都府京都市にある松尾大社で行われる祭りです。卯の字は甘酒、酉の字は酒壷を意味しているので、古くより酒造りは「卯の日」に始め、「酉の日」に完了する慣わしがあり、このお祭りの日取りもこうした昔からの慣習によるものとされています。

松尾大社神幸祭
まつおたいしゃしんこうさい

毎年4月20日以降の日曜日に、京都府京都市にある松尾大社で行われる祭りです。桂川を7基の神輿と唐櫃が渡る船渡御などが行われます。

松尾大社中酉大祭
まつおたいしゃちゅうゆうたいさい

毎年4月の「中の酉の日」に、京都府京都市にある松尾大社で行われる祭りです。醸造感謝祭とも呼ばれ、全国から醸造家が多数参拝します。古くより酒造りは「卯の日」に始まり「酉の日」に終えるという習わしから、この日盛大に祭事が行われます。

松島灯籠流し
まつしまとうろうながし

毎年8月16日に、宮城県宮城郡松島町で行われる行事です。同町にある瑞巌寺の大施《おせ》餓鬼会《がきえ》が行われ、海上には108つの灯籠とともに全国から寄せられた供養灯籠が浮かべられます。

末伏
まっぷく

立秋後の最初の庚《かのえ》の日をいいます。種まき、婚礼、その他和合のことには用いない方がいいとされています。

間日
まび

土用や八専などの期間中、差し支えなしとされる特定の日をいいます。

豆まき
まめまき

節分の日に行われる行事です。「まめ」は「魔目」「魔滅」とも表し、平安時代、鬼に向かって三石三斗（約600リットル）の炒り豆を投げて追い払ったことから、豆まきをする風習が生まれたといわれています。

満月《まんげつ》

望のことで、この時の月は太陽と反対方向にあるので、地球側からは欠けずに見えます。

満潮《まんちょう》

海水面が最も高くなる時です。

満年齢《まんねんれい》

生まれた年が0歳で、以降誕生日を迎えるごとに1歳ずつ加える年齢の数え方です。

水の日《みずのひ》

毎年8月1日を、「限りある資源を大切にしよう」と国土庁（現在の国土交通省）が1977年（昭和52年）に設けた日です。8月は1年の中で最も水の使用量が多い月なので、この日から1週間「水の週間」として節水を呼びかけています。

みつ

中段十二直の一つで、この日は満が意味するように、万象万物すべて満たされる良日で、建築、移転、新規事業の開始、婚礼、その他の祝いごと、また種まき、動土などすべてに吉です。ただし薬の飲み始めには凶となります。

壬《みづのえ》

十干の一つで、五行では水、陰陽では陽の性質を持ちます。

癸《みづのと》

十干の一つで、五行では水、陰陽では陰の性質を持ちます。

水戸梅まつり《みとうめまつり》

毎年2月20日から3月31日まで、茨城県水戸市にある偕楽園で観梅が楽しむことができます。偕楽園の面積は合計300ヘクタールで、都市公園としては、ニューヨーク市のセントラルパークに次いで世界第2位の面積を誇ります。約100品種3千本もの梅が植えられており、様々な品種があるため「早咲き」「中咲き」「遅咲き」と長期間にわたり観梅を楽しむことができます。

みどりの日《みどりのひ》

5月4日。「自然に親しむとともにその恩恵に感謝し、豊かな心をはぐくむ」ことを趣旨とした国民の祝日です。1989年（平成元年）から2006年（平成18年）までは4月29日でしたが、祝日法改正により2007年（平成19年）以降この日となりました。

水無月《みなづき》

6月の異称で、新暦では梅雨どきですが、旧暦では梅雨が明けた夏の酷暑の頃。厳しい日照りが続き田んぼの水も涸《か》れて干上がり、「水の無い月」ということから、こう呼ばれたといわれます。また、田んぼに水を張る「水の月」だという説もあります。

壬生狂言《みぶきょうげん》

毎年4月29日から5月5日まで、京都府京都市にある壬生寺で行われる民族芸能です。珍しい仏教パントマイムで、30番の演目があり、毎日5番ずつ演じられます。

耳の日《みみのひ》

3月3日をミミと読む語呂合わせから、日本耳鼻咽喉科学会によって1956年（昭和31年）に制定されました。耳の衛生についての知識の普及、聴覚障害の予防・治療などの理解を深めることが目的とされています。

六日年越し《むいかとしこし》

1月6日の夜から7日の朝にかけてのことで、「六日年取り」ともいいます。元日から続いてきた正月の行事を終わらせる日、松の内最後の日として祝われてきました。

迎え火《むかえび》

盆の行事の一つで、先祖が帰ってくるといわれている8月13日（地域によっては7月）の夕方に、「おがら」と呼ばれる麻の茎を、先祖の御霊が迷わず帰って来られるように、家の門前で燃やします。

無卦《むけ》

陰陽道で、干支による運勢が凶運の年回りをいいます。無卦の凶年は5年続くといわれています。

睦月《むつき》

1月の異称で、正月に家族や親族が往来して、仲良く睦みあう月「むつぶ月」が「むつき」になったという説が有力です。そのほか、稲の実を初めて水に浸す月「実月（むつき）」から転じた説や、元になる月「もとつつき」から「むつき」に転じた説などがあります。

棟上げ《むねあげ》

家を建てる時、柱梁などを組み立て、その上に棟木（屋根の一番高い部分）を上げることをいいます。

明治神宮例祭《めいじじんぐうれいさい》

毎年11月3日に、東京都渋谷区にある明治神宮で行われる例祭です。この日は明治天皇の誕生日です。

メーデー

１８８６年（明治19年）5月1日、アメリカのシカゴで労働者が「1日の労働時間を8時間に」というストライキを起こし、その3年後の5月1日にパリで集まった世界中の労働者の代表が、この日を労働者の祝日としました。日本では１９２０年（大正9年）から行われています。

メートル法公布記念日《めーとるほうこうふきねんび》

１９２１年（大正10年）4月11日、改正「度量衡法」が公布され、それまでの尺貫法などとの併用から、メートル法のみに一本化することが定められました。しかし、根強い反対運動により施行は無期延期となり、メートル法への完全移行は１９５１年（昭和26年）の「計量法」施行でようやく行われました。

巡金神《めぐりこんじん》

金気盛んで、殺気旺盛の神とされ、この方位に向かい普請、造作、動土、移転などを行うと病災、盗難、その他、人命にかかわる災害もありうるとし、避けた方がよいとされています。

滅門日《めつもんにち》

下段の一つで「めつもん」と表記され、この日に何かをすると、一家一門を滅ぼすといわれています。

目の愛護デー《めのあいごでー》

厚生労働省が目の健康を守る日に、と制定しました。10と10を横にすると眉毛と目の形に見えるため10月10日になりました。

百寿《ももじゅ》

数え年100歳（満99歳）の長寿の祝いです。文字通り100歳を祝う名称です。60歳を下寿、80歳を中寿とし、100歳を上寿と呼ぶこともあります。

桃の節句《もものせっく》

3月3日のひな祭の別名です。

◎や行◎

薬師寺花会式《やくしじはなえしき》

毎年3月25日から31日まで、奈良県奈良市にある薬師寺で行われる行事です。「修二会」ともいい、10種の造花がご本尊に供えられることから「花会式」と呼ばれています。

躍動運《やくどううん》

その年の九星気学に基づいた運勢の名称で、積極的に努力して希望が叶うときです。運勢は、調整運→強盛運→嬉楽運→改革運→評価運→停滞運→整備運→躍動運→福徳運の順に巡ります。

厄年《やくどし》

思わぬ事故にあったり病気にかかりやすい年とされます。数え年で、男性は25歳、42歳、61歳、女性は19歳、33歳、37歳です。厄年の前年を「前厄」、翌年を「後厄」といい、前後の年も注意が必要な年とされます。また、男性42歳、女性33歳は、「大厄」とされ、とくに注意が必要とされます。

八坂神社祇園祭《やさかじんじゃぎおんまつり》

毎年7月1日から31日まで、京都府京都市にある八坂神社で行われる祭りです。7月17日に行われる前祭山鉾巡行は、祇園祭最大の見どころで、長刀鉾を先頭に23基の山鉾が京都の中心部を巡ります。

靖国神社みたま祭　やすくにじんじゃみたままつり

毎年7月13日から16日まで、東京都千代田区にある靖国神社で行われる祭りです。期間中、境内には大小3万を超える提灯が掲げられ、神輿や青森ねぶた、各種奉納芸能が催され、露店が軒を連ねます。

八尾風の盆　やつおかぜのぼん

毎年9月1日から3日まで、富山県富山市で行われる祭りです。数千のぼんぼりが灯され、三味線、胡弓の音に合わせ優雅に唄い踊ります。

やぶ入り　やぶいり

1月16日と7月16日は、奉公人が休暇をもらって実家に帰る日です。

やぶる

中段十二直の一つで、この日は破に物事を衝破する意味があるところから、人を説得するとか、訴訟などに良く、好結果を見る日とされます。ただし、神仏の祭祀、婚礼、移転、開店、開業、種まきなどには凶となります。

山形花笠祭　やまがたはながさまつり

毎年8月5日から7日まで、山形県山形市で行われる祭りです。威勢のいい掛け声と花笠太鼓の音色、華やかな山車を先頭に、紅花をあしらった笠を手にした踊り手が、山形市の中心街で群舞を繰り広げます。

山の日　やまのひ

8月11日。「山に親しむ機会を得て、山の恩恵に感謝する」国民の祝日です。2016年（平成27年）から施行。

弥生　やよい

3月の異称で、春たけなわ、さまざまな草木が芽吹いて花が咲く頃。草木が「いよいよ生い茂る」という意味の「弥《いや》生《おい》」から変化した、などといわれます。弥生の「弥《いや》」は、「いよいよ」「ますます」などを表す言葉です。

郵政記念日　ゆうせいきねんび

1871年（明治4年）4月

20日、それまでの飛脚制度に代わって郵便制度が実施されたのを記念して、１９３４年（昭和９年）に制定されたものです。

郵便週間《ゆうびんしゅうかん》

毎年４月20日の「郵政記念日」から1週間、郵便業務のＰＲなどが行われます。

ゆず湯《ゆずゆ》

冬至（12月22日頃）にゆず湯に入ると風邪を引かず、無病息災で過ごせるという言い伝えがあります。本来は、ゆずの香りで邪気を祓う禊を意味するものですが、その他に、ゆず湯にゆっくり浸かることでリラックスし、血行を促進して体も温まるという効果があります。

宵えびす《よいえびす》

毎年1月9日に十日えびすの前夜祭として、商売繁盛の神様であるえびす様を祀る祭礼です。

陽干《ようかん》

十干は陽と陰に分かれ、甲《きのえ》、丙《ひのえ》、戊《つちのえ》、庚《かのえ》、壬《みづのえ》があたります。

陽支《ようし》

十二支は陽と陰に分かれ、子《ね》、寅《とら》、辰《たつ》、午《うま》、申《さる》、戌《いぬ》があたります。

陽遁《ようとん》

日の九星において冬至より夏至に至る半期をいいます。日の九星は、冬至の前後で一番近い甲子の日から始まると決められています。陽遁では、一白→二黒→三碧→四緑→五黄→六白→七赤→八白→九紫の順に配します。

翼《よく》

二十八宿の一つで、耕作始め、樹木の植替え、種まきは吉です。高所での仕事は凶となります。

横手かまくら《よこてかまくら》

毎年２月14日から16日まで、秋田県横手市で行われる小正月行事です。祭り期間中は市内に100基ほどできる雪のやしろ「かまくら」の中で、地元の子どもたちが甘酒やお餅でおもてなしをします。

横浜開港記念日《よこはまかいこうきねんび》

1859年（安政6年）6月2日、前年に締結された日米修好通商条約により、それまでの下田・箱館（現在の函館）のほか、神奈川（現在の横浜）・長崎などの港が開港したことを記念しています。

米沢上杉まつり《よねざわうえすぎまつり》

毎年4月29日に、山形県米沢市で行われる祭りです。この日から5月3日まで、米沢市内で上杉軍団行列や川中島の合戦が催されます。

万よし《よろづよし》

下段の一つで、よろづよし、百事《ひゃくじ》よしなどともいいます。大吉日で、他の凶日と重なっても、まったく忌む必要はなく、全ての行事、冠婚葬祭、普請造作に用いて良い日としています。

◎ら行◎

離宮《りきゅう》

方位盤において南方45度の一角をいい、丙・午・丁に三等分してあります。

立夏《りっか》

二十四節気の一つで、新暦の5月5日頃になります。山野に新緑が目立ち始め、風もさわやかになり、いよいよ夏の気配が感じられてきます。

立秋《りっしゅう》

二十四節気の一つで、新暦の8月7日頃になります。この日から暦の上では秋に入りますが、実際には残暑が厳しくまだまだ暑い最中です。

立春《りっしゅん》

二十四節気の一つで、新暦の2月4日頃、節分の翌日になります。暦の上では旧冬と新春の境目に当たり、この日より春になります。また、干支や九星もこの日から切り替わります。

立冬《りっとう》

二十四節気の一つで、新暦の11月7日頃で、これから冬に入る初めの節で、陽の光も弱く冬の気配をうかがえます。

柳《りゅう》

二十八宿の一つで、物事を断

るのに用いて良い日です。ただし婚礼、新規事の開始は凶となります。

竜徳神　りゅうとくじん

普請、造作、売買、商取引などを助ける吉神です。

例祭　れいさい

例大祭ともいわれ、神社で毎年一定の日に行われる大祭です。神社で行われる祭祀の中で最も重要な祭りです。

婁　ろう

二十八宿の一つで、動土造作、嫁取りの相談事、契約、取引始め、造園は吉です。

臘日　ろうじつ

諸説ありますが、冬至後の3度目の辰の日をいい、かまどの神を祀り、また禊《みそぎ》を行って穢《けがれ》を除くといった風習がありました。わが国では、もっぱら宮廷の行事とされていましたが、いつしか民間に伝えられました。

狼籍日　ろうじゃくにち

下段の一つで「らうじゃく」と表記され、この日に何事か行うと、すべて失敗するといわれています。

老人週間　ろうじんしゅうかん

毎年9月15日の「老人の日」から1週間で、国民の間に老人の福祉への関心と理解を深めることと、老人が自らの生活の向上に努める意欲を促す、という二つの目的のために設けられています。

老人の日　ろうじんのひ

２００2年（平成14年）1月1日改正の老人福祉法によって制定されました。２００３年（平成15年）から祝日法の改正によって「敬老の日」が9月第三月曜日となるのに伴い、従前の敬老の日を記念日として残す為に制定されました。国民の間に老人の福祉への関心と理解を深めることと、老人が自らの生活の向上に努める意欲を促す、という二つの目的のために設けられています。

労働衛生週間　ろうどうえいせいしゅうかん

毎年10日1日から7日まで実施され、働く人の健康の確保・増進を図り、快適に働くことができる職場づくりに取り組む週間です。

六三除け　ろくさんよけ

あそこの医者にもかかった、この薬も飲んでみた、だが、その効き目はちっとも現れない、と嘆いておられる方々が多く見受けられます。このようなうっとうしい長引きがちの症状は「六三」にかかっている可能性があります。その「六三」を除けるための方法です。

六十干支　ろくじっかんし

十干、十二支の陽干と陽支、陰干と陰支を甲子《きのえね》、乙丑《きのとうし》というように、それぞれを重ね合わせて60の組み合わせを成立させたものです

六大凶殺　ろくだいきょうさつ

本命殺《ほんめいさつ》、本命的殺《ほんめいてきさつ》、五黄殺《ごおうさつ》、暗剣殺《あんけんさつ》、歳破《さいは》、月破《げっぱ》の6つの方殺を六大凶殺といい、特に注意すべき方位とされています。

六輝　ろっき

六曜星《ろくようせい》、あるいは六曜とも呼ばれています。暦法・吉凶占いの一種です。先勝、友引、先負、仏滅、大安、赤口を日に配します。

炉開き　ろびらき

茶道で、旧暦の10月の最初の亥の日に、冬の支度として、夏の間使っていた風炉から地炉に替えることです。

◎わ行◎

若草山焼き　わかくさやまやき

毎年1月の第四土曜日に、奈良県奈良市にある若草山に火をつけ、山全体を燃やす一大行事です。春日大社、東大寺、興福寺の神仏が習合し、先人の鎮魂と慰霊、さらには奈良全体の防災と世界の人々との平安を祈るものです。

こよみ用語辞典

２０１５年7月１０日　初版　第１刷発行

編著者　神宮館編集部

発行人　木村通子

発行所　株式会社 神宮館
〒110-0015 東京都台東区東上野１丁目１番４号
電話　03-3831-1638（代表）
FAX　03-3834-3332
印刷・製本　図書印刷 株式会社

○ 祝日法などの改定により祝日や休日が一部変更になる場合があります。
○ 一部掲載していない行事や祭りがあります。何卒ご了承ください。
尚、行事・祭りは変更になる場合があります。

ISBN　978-4-86076-245-2
Printed in Japan
神宮館ホームページアドレス　http://www.jingukan.co.jp
15701480